# 生活有化学

CHEMISTRY IN
EVERYDAY LIFE

胡杨　吴丹　王凯　陈放 著

H—O—H

H—C—O—H

中国妇女出版社

图书在版编目（CIP）数据

生活有化学．食物中的化学 / 胡杨等著．-- 北京 ：
中国妇女出版社，2024.9
ISBN 978-7-5127-2388-7

Ⅰ.①生… Ⅱ.①胡… Ⅲ.①化学-少儿读物 Ⅳ.
①O6-49

中国国家版本馆CIP数据核字（2024）第085332号

责任编辑：朱丽丽
封面设计：付　莉
责任印制：李志国

出版发行：中国妇女出版社
地　　址：北京市东城区史家胡同甲24号　　邮政编码：100010
电　　话：（010）65133160（发行部）　　65133161（邮购）
网　　址：www.womenbooks.cn
邮　　箱：zgfncbs@womenbooks.cn
法律顾问：北京市道可特律师事务所
经　　销：各地新华书店
印　　刷：北京通州皇家印刷厂

开　　本：165mm×235mm　1/16
印　　张：10.25
字　　数：100千字
版　　次：2024年9月第1版　　2024年9月第1次印刷
定　　价：59.80元

如有印装错误，请与发行部联系

# 推荐序一

作为一名分析化学与纳米化学领域的科研工作者，我深知化学在人类生活中的重要作用。这套书以生活为舞台，化学为线索，为孩子们破解衣、食、住、行中的科学密码，是培养孩子们创新精神和科学素养的优秀读物！作者胡杨博士毕业于清华大学化学工程系，拥有丰富的专业知识和扎实的学术功底。他和他的团队通过这套书，将复杂的化学知识以通俗易懂的方式呈现给孩子们，让孩子们在轻松愉快的阅读中感受化学的魅力。

这套《生活有化学》系列共分为四册，分别围绕衣、食、住、行四个方面展开。通过《衣物中的化学》，我们了解到从树叶、兽皮到人工合成纤维的发展历程，感受到了化学在服饰领域的神奇作用。通过《食物中的化学》，我们认识到食物的变质、口感、颜色等都与化学息息相关。通过《建筑中的化学》，我们看到了化学在建筑材料、环保等方面的应用。而在《交通中的化学》一书中，我们知道了化学在交通工具发展中的重要作用。

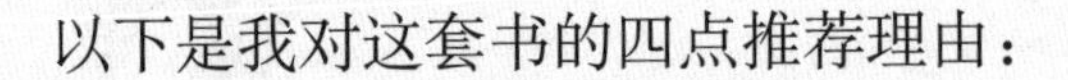

以下是我对这套书的四点推荐理由：

一、贴近生活，激发兴趣

这套书将化学原理与日常生活紧密结合，让孩子们在熟悉的事物中感受到化学的魅力。这种贴近生活的讲述方式，有助于激发孩子们对科学的兴趣，培养他们的探索精神。

二、汇聚前沿知识，打开孩子视野，帮孩子从课堂走向未来

时代的发展，从来都不能缺少前沿知识的引领。科技是化学的一种表现形式，也是化学最具价值的应用领域。这套书涵盖了衣、食、住、行等领域，让孩子们在了解化学知识的同时，拓宽视野，增长见识。

比如，《衣物中的化学》带孩子了解了未来永不断电的可以监测人们心率、呼吸、血糖、血氧的智能服装，可以让聋哑人摆脱身体残疾困扰的“既能听又能说的”声感衣服；《食物中的化学》带孩子了解了最新的人造淀粉技术；《建筑中的化学》带孩子展望了人类建筑的未来，如透明的木头、自修复混凝土、3D 打印的月球家园等；《交通中的化学》带孩子了解人类要想走出地球并踏上星际旅行的航程，交通工具方面需要做的准备等。

三、通俗易懂，寓教于乐

这套书运用生动的语言、丰富的案例、有趣的科普插图，将复杂的化学知识讲解得通俗易懂。孩子们在轻松愉快的阅读过程

中，不知不觉地掌握了化学知识。

**四、培养科学思维，提高创新能力**

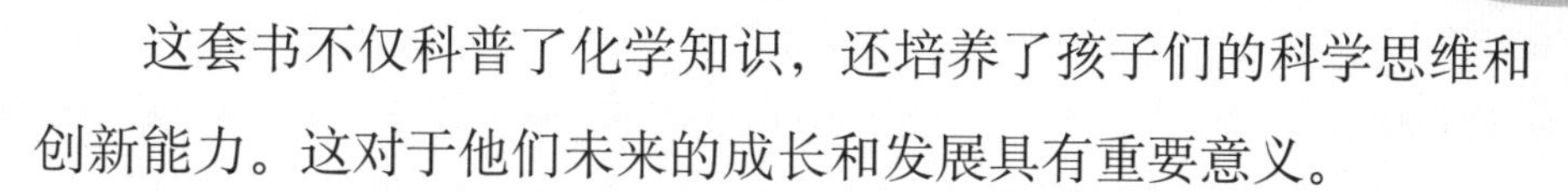

这套书不仅科普了化学知识，还培养了孩子们的科学思维和创新能力。这对于他们未来的成长和发展具有重要意义。

总之，《生活有化学》是一套优秀的科普作品。我相信，它将引领广大青少年读者踏入科学的殿堂，激发他们对化学的无限热爱。我衷心期望这套书能够得到大家的喜爱，将科学的种子播撒到更多读者的心田，激励更多孩子热爱科学，为我国的科技进步贡献力量。

陈春英

中国科学院院士

分析化学与纳米化学专家

2024 年 6 月

# 推荐序二

你是否对“化学”这个词感到陌生和遥远呢？每当提到化学，大家脑海中可能会浮现出烧杯、烧瓶、三角瓶等实验室场景和那些看不懂的元素符号。或许你会觉得，化学离我们很遥远，与我们的生活无关。其实，在我们的日常生活中，无论是穿的衣服，吃的食物，住的房子，还是出行的工具，这些我们每天接触的、使用的“东西”都离不开化学，其背后都隐藏着不同的化学奥秘！探寻和揭示生活中的这些奥秘，不仅是一件十分有趣的事情，而且可以对日常生活有更深层级的理解和更高维度的欣赏。

《生活有化学》这套书以孩子们的日常生活为主线，通过讲述各种物品的发明故事，揭示其中的化学原理和奥秘。这套书不仅告诉孩子们“这是什么”“它是如何变成现在这样的”，还深入浅出地解答了“为什么”这个深层问题。只有这样，孩子们才能真正理解他们身边的世界，而不仅仅是接受一些表象。

这套书不仅语言通俗，插图也十分生动有趣，让孩子们在阅读的过程中，既能学到科学知识，又能享受阅读的乐趣。这套书就像一位智慧的老师、一位和善的朋友，带领孩子们走进化学的

世界，让他们感受化学的无穷魅力。

如果你是一位家长，这套书将是你送给孩子的一份宝贵礼物。如果你是一位老师，这套书将成为你必备的教学工具。如果你还是一个孩子，那么这套书将是你的知识宝库。无论你是谁，无论你在哪里，只要你对生活充满好奇，对知识渴望了解，那么《生活有化学》都是你不可或缺的一套好书。

孩子是祖国的未来，科普是培养孩子科学素养的关键。科普可以激发孩子们的好奇心，拓宽他们的视野，为未来孩子的成长和社会进步打下坚实基础。孩子们，让我们一起，通过《生活有化学》这把“钥匙”打开化学的大门，探索这个奇妙的世界吧！

清华大学化学工程系教授

博士生导师

2024 年 5 月

# 推荐序三

我们生活中的许多美好，其实都是化学创造的奇迹！

化学和生活，有着密不可分的联系。甚至，宇宙生命的起源、我们的日常行为，也都与化学反应息息相关。

化学，是自然科学的重要基础学科之一，是一门研究物质性质和结构的科学。它的核心表现，就是物质的生成和消失。

现在呈送于大家面前的《生活有化学》系列书，包括《衣物中的化学》《食物中的化学》《建筑中的化学》《交通中的化学》四册。这套书以独特的视角、新颖的形式和细腻的笔触，彰显了日常生活中无处不在的化学身影，揭示了衣、食、住、行背后的化学原理和奥秘。

在《衣物中的化学》中，孩子们会惊奇地发现，原来日常穿着的衣物背后，竟然隐藏着如此丰富的化学故事；在《食物中的化学》中，美食的诱惑与化学的神奇完美结合，让人不禁感叹大自然的鬼斧神工；《建筑中的化学》则让孩子们认识到，坚固的高楼大厦、美丽的玻璃幕墙，无不依赖于化学的力量；而《交通中的化学》将让大家感悟到，交通工具的演变、能源的更迭，都离不开化学的推动。

《生活有化学》系列书的主创胡杨博士，毕业于清华大学化学工程系，拥有丰富的专业知识和实践经验。他领衔打造的这套书，如同一把钥匙，打开了孩子们探索化学世界的大门。特别是，书中配合知识点的详细解析，拉近了化学知识与日常生活的距离，让孩子们在掌握科学探究方法的同时，还能更真切地理解以下内容：

——世界上任何物质，哪怕化学成分非常复杂，无非也都是由 118 种化学元素的若干种组成的。如果是天然的物质，则都是由 90 种天然存在的化学元素中的若干种所组成。

——从最简单的层面说，元素周期表呈现了宇宙里所有不同种类的物质，其上 100 多种各具特色的角色（元素）构成了我们能够看见、能够触摸到的一切事物。

——化学结构的特性、化学结构之间的关联度，决定了化合物质为什么会表现出某种化学性质。我们也能够更深刻地认识到，为什么说有三种化学元素对人类文明的演进起到了决定性作用，它们是：支起生命骨架的碳元素，划分历史时代的铁元素，加速科技进步的硅元素。

化学的应用与人类社会的发展密切相连，化学物质可以在很多方面改变和丰富我们的生活，想想诸如石油化工、精细化工、医药化工、日用化学品工业等国家支柱产业的发展。当然，我们同时也应认识到，化学物质如果被误用、滥用，或是不够谨慎小心地使用，也会给我们的生活带来很多不确定性，甚至变得很危险。

用科学的视角看待世界，用化学的力量改变生活。

是为序。

尹传红

科普时报社社长

中国科普作家协会副理事长

2024 年 8 月

# 推荐序四

很高兴拜读胡杨博士团队精心打造的这套科普作品——《生活有化学》。这套书不仅传递了“化学使人类生活更美好”的理念，还充满了趣味性和积极向上的精神。

在这个信息快速传播的时代，我们每个人都应该具备自我发展的能力、深入思考的素养和灵活运用媒介的本领。这套图书用浅显易懂的语言、生动有趣的手绘插图、简单明了的术语和引人入胜的逻辑，向我们展示了化学世界的魅力，堪称科普读物中的佳作。

生命在于不断探索和成长，不仅是身体的成长，还包括思想意识的主动建构。《生活有化学》系列图书恰好满足了孩子们探索未知的好奇心。书中提出了许多有趣的问题，比如：人类对于光鲜衣服的需求起源于什么？有引发思考的问题：最环保的建筑方式竟然是我们认为不环保的砍树盖房？还有人生哲理的智慧启发：年少时，洞悉万事万物之运行规律；年长时，悟透人间百态之发展逻辑！

培养深度思维能力是人类文明进步与儿童成长互动的一种

形式，无思维不成长。《生活有化学》系列图书围绕问题的提出、科学探索、人类社会实践和化工技术进步展开，充满了创新的研究设想、新奇的研究过程和意想不到的应用成果，极大地提升了读者的研究素养。

培养孩子的阅读能力，媒介素养至关重要。这套图书通过迷思议题的导读方式，引导孩子们在认知冲突中带着问题去阅读，有效提升了阅读效率和探究教育的价值。书中将很多晦涩难懂的专业术语通俗化、形象化、拟人化处理，运用了知识可视化脑科学原理，让深奥的科学术语与生活常识融合得毫无违和感。例如，用能源的“产出—使用”基本均衡的完整封闭能量系统来表述“碳中和”，用自由生长的金属锂晶体并不会恢复成原本制造电池时的那种规整的形状来讲“锂枝晶”，让深奥的科学知识变得亲切易懂。

我们的基础教育鼓励化学教学从表面的探究走向深层次的思维，《生活有化学》系列图书正是这样一部佳作。它通过丰富的案例和层层递进的逻辑，引领读者从生活的宏观世界走向科学的微观世界，实现了从化学教学到化学教育的转变。

感谢胡杨博士团队的倾情奉献！

李继良

北京市第八十中学化学特级教师

2024 年 7 月

# 自 序

2021 年 9 月，我们团队出版了第一套化学科普书《万物有化学》，这套书让我们团队与孩子们结下了不解之缘。凭借着通俗易懂的语言及生动精彩的插图，这套书迅速在青少年中流行起来，并好评不断。我记得有个小读者跟我说，他和同学们在学校经常一起谈论科学知识，并且各自展示和比拼已经掌握的知识点，而《万物有化学》则成为他们能够看懂和吸收科学知识的非常重要的宝库。

化学与我们的生活息息相关，“热爱生活”应该成为我们每一个人具有的情怀与品质，并且只有热爱生活的人才有可能在未来营造出幸福的人生。因此，培养孩子热爱生活的品质就成为我们撰写这套《生活有化学》系列科普书的起点与动力。

日常生活里看似平淡的“衣、食、住、行”，实则蕴含着丰富的化学知识：人类对衣物的追求起源于古人利用树叶与兽皮遮体的想法，而现代的各种制衣材料也同样受到这两种天然材质的启发；我们品尝的美味食物带给我们的愉悦不光来自味觉，也来自触觉的感官体验，毕竟“酸、甜、苦、辣、咸”中隐藏着一个非味觉的饮食体验，也就是“辣”；人类利用玻璃、水泥等现代建筑材料盖起了一座座摩天大楼，但出乎意料的是，最环保的建筑方式之一却依然是我们认为最不环保的砍树盖房；汽车不但可以利用石油中提炼的柴油作为动力来源，还可以“吃掉”人类餐饮行业产生的地沟油来为自身提供动力。这些在日常生活中已经存在的神奇事例，如果我们没有一双科学的“慧眼”是很难发现和理解的，而《生活有化学》这套书就可以帮助我们成就这一双双科学“慧眼”。

作为传播科学的使者，我们只希望孩子们不要只是生活的迷茫经历者，而是成为生活的智者。年少时，洞察万事万物的运行规律；待到年长时，则能悟透人间百态的发展逻辑。

这样的人生才能达到幸福、智慧与通透。

胡　杨

2024 年 4 月 8 日

# 目录

## 3 提神醒脑的“魔力”



## 4 让食物拥有多彩的“灵魂”

抗生素

# 1

# “变质”的食物更好吃

为了解决温饱问题，聪明的中国人学会了“将计就计”，通过主动加速食物的腐败变质，而长久储存了丰富的食物。

人类的终极目标其实很简单，那就是无限地延续下去。但是直到现在，人类依然面临着和几千年前一样的问题，这就是温饱问题。食物永远是人类延续的根基，而身处 21 世纪的今天，全世界依然有超过 7 亿人口面临饥饿的挑战。

如何填饱肚子的问题一直困扰着我们。

所以，填饱肚子依然是现今人类面临的巨大挑战之一。即使人们生产出了足够多的食物，但是食物还会由于微生物的滋生而逐渐发生腐败，让本就不充裕的食物更加紧缺，人类和食物腐败的千年抗争从未停歇。

面对挑战，聪明的中国人学会了“将计就计”。如果食物容易发生腐败，那我们就主动加速食物的腐败和变质，已经变质的食物也就不用再担心它进一步变质了。有趣的是，这种人工变质的食物居然产生了更加奇妙的味道与口感，把中国的饮食文化推向了一个新的高度。

利用人工方法促进食物变质主要有两种途径：一种是化学变质法，另一种是微生物变质法。

# 松花蛋居然是“军粮”

松花蛋，又称“皮蛋”，因为蛋体表面具有松花一样的漂亮花纹，故而得名，也称“松花变蛋”。松花蛋通常是用鸭蛋制作而成的，鸭蛋本身腥味较重，制作成松花蛋后，腥味消失并且具有了一种特殊的香气，口味也变得独特。松花蛋的制作过程就是典型的化学变质。

在松花蛋的制作过程中，浸泡鸭蛋的浆料是最关键的。在中国古法的松花蛋制作中，通常是将草木灰、生石灰、红茶水和盐相互混合形成浆料，然后用浆料包裹鸭蛋，鸭蛋放置 30 天左右，就得到鲜美的松花蛋了。整个过程其实非常简单，而浆料就是使鸭蛋产生化学变质进而变为松花蛋的“幕后推手”。

我们知道，鸭蛋主要由蛋壳、蛋清和蛋黄组成，蛋清和蛋黄中都含有丰富的蛋白质，这些蛋白质就是鸭蛋人工化学变质的主角。

浆料中，无论是草木灰还是生石灰，都有一个共同特点，那就是它们都为强碱性物质，例如草木灰的主要成分是碳酸钾（$K_2CO_3$），生石灰的主要成分为氧化钙（CaO），它们溶解在水中都会显示出极强的碱性。

当浆料包裹了鸭蛋后，碱性物质就会透过蛋壳上的气孔渗入蛋黄和蛋清中，与蛋黄和蛋清中的蛋白质发生酸碱中和反应，形成氨基酸盐，进而发生蛋白质的变性。变性后的蛋白质不再呈现液态，而是变为晶莹剔透的凝胶状态，从而失去了流动的能力。

同时，蛋白质在强碱性环境中也更容易分解为小分子氨基酸，这些小分子氨基酸使松花蛋味道鲜美（味精的主要化学成分谷氨酸钠就是一种小分子氨基酸）。

那么，松花蛋表面美丽的“松花”到底是如何形成的呢？首先要跟大家明确，这些“松花”的主要成分为氢氧化镁。鸭蛋的蛋清中含有一定量的镁离子（$Mg^{2+}$），但是随着浆料中碱性物质向蛋内的逐渐渗透流入，镁离子就会与碱性物质中的氢氧根离子（$OH^-$）结合形成氢氧化镁［$Mg(OH)_2$］。而氢氧化镁在蛋清中的溶解度很小就会逐渐结晶析出，并最终呈现出“松花”状。其实，“松花”在鸭蛋表面结晶的过程与北方冬天窗户上水汽受冷凝结成“冰花”的过程非常相似。

松花蛋刚开始可能是作为一种军粮。据说当年朱元璋起义时派人在洞庭湖一带收集了很多鸭子和鸭蛋作为军用食品，鸭蛋为了保鲜就采用鸭农提供的方法，将鸭蛋用盐、石灰和茶叶末腌制起来。到了民国时期，由于军阀混战，鲜美可口的松花蛋更是成了最适于流动作战的军需食品。如今的松花蛋已经成了国宴指定的招待食品，让世界各国的政要都能领略到中华美食的奇妙！

吃松花蛋也是有技巧的哟！由于在制作松花蛋的时候鸭蛋内部渗入了大量碱性物质，所以松花蛋吃起来有一种被强碱“灼伤”的感觉，这也是外国人不适应松花蛋味道的症结。所以吃松花蛋时一定要蘸醋，利用醋里面的醋酸中和掉松花蛋中的碱性物质，这样吃起来的口感便会更加鲜美。同样，由于松花蛋内呈现的强碱性环境，使得松花蛋具有强大的抑菌功能，因此松花蛋不会出现进一步腐败的情况。相反，放置时间越久的松花蛋越鲜美。这就是中国人的饮食智慧。

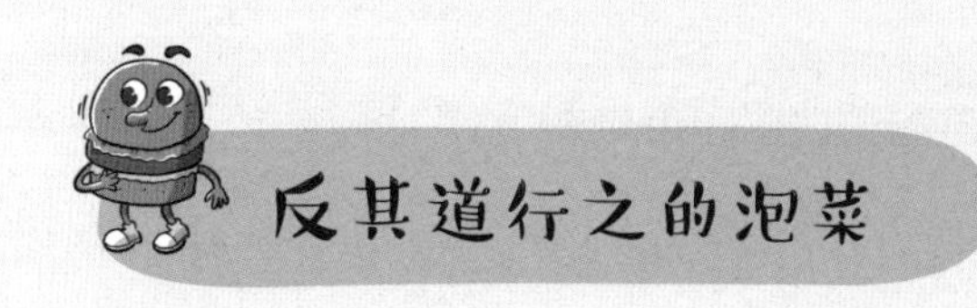

## 反其道行之的泡菜

既然食物的腐败通常是有害微生物造成的，那么人们就想，干脆利用一些有益的微生物先把食物弄“腐败”了，已经“腐败”的食物也就不会再进一步被有害微生物侵袭，从而间接达到长久保存食物的目的。这种通过有益菌发酵来阻止有害菌侵蚀的人工微生物变质方法，造就了中国另一传统美食——泡菜。

泡菜的制作过程其实非常简单：将蔬菜清洗干净，然后装入干净的泡菜坛中，并灌满添加了食盐的凉白开水；接着是最关键的一步，就是向泡菜坛中添加一勺“泡菜老汤”，也就是加入一勺成品泡菜里的泡菜水。这样经过 15 ～ 30 天的密封发酵，一坛新制作的醇香四溢的泡菜就完成了。

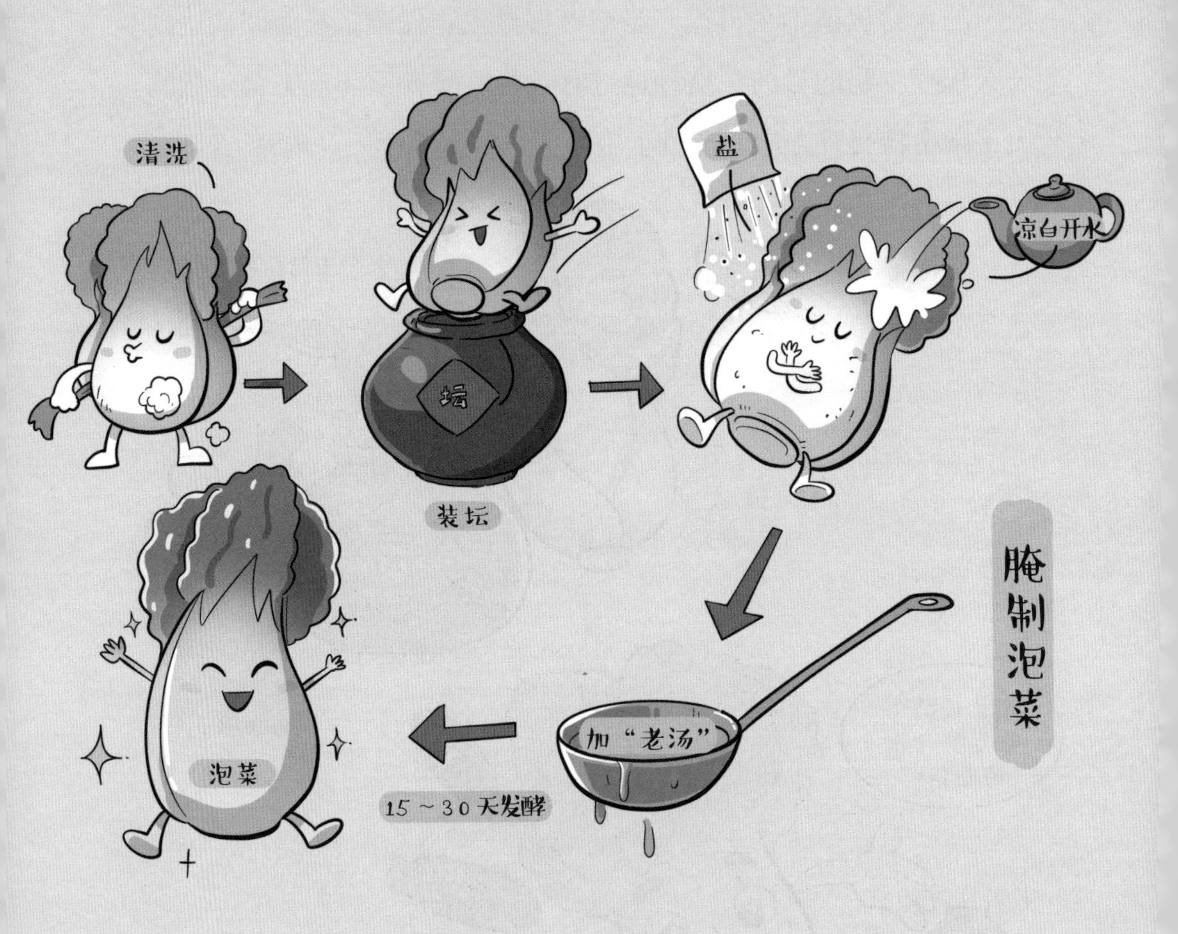

看似简单的泡菜制作过程，其实蕴含着丰富的科学原理。我们已经讲了，泡菜使用的是凉白开水，也就是煮沸后晾凉的水，所以水中本身存在的大部分有害菌群已经被杀死。而泡菜中加入的“泡菜老汤”中含有丰富的乳酸菌和酵母菌等有益菌，它们既是泡菜发酵的原动力，同时又是抑制其他有害菌滋生的帮手，毕竟在微生物的世界中依然存在“弱肉强食，适者生存”的法则，有益菌起始数量上的巨大优势将帮助它们成为泡菜坛中永久的王者。

中国人食用泡菜的记录最早可追溯至《周礼》。北魏的《齐民要术》更是详细介绍了腌制菜的多种做法。泡菜的主要味道是“酸香”，也就是“酸中带香”。酸味主要来源于微生物发酵而产生的酸性物质，但是只有酸味的泡菜是不好吃的，甚至是很难入口的，所以泡菜中香味物质的生成才是泡菜美味的关键，而香味物质其实也是由酸性物质转化而来的。

泡菜中的有益菌在发酵过程中不光生成了大量的酸性物质，同时还会生成少部分醇类物质，例如乙醇等（这个过程类似于酒的发酵）。而酸性物质可以与醇类物质发生酯化反应，生成的酯类物质就是泡菜香味的来源。有时为了进一步提升泡菜的香味，在刚开始腌制泡菜的时候还会人为添加一点高度白酒，从而增加醇类物质的数量，让腌制出来的泡菜更加醇香。

泡菜虽然味道鲜美，但是大量地食用泡菜可能会存在一定的健康隐患。在腌制食品的过程中，不可避免地都会生成一定量的亚硝酸盐。这种物质虽然可以进一步提升食物的鲜味，但它却是一种强致癌物质。所以，长期大量地食用腌制食品就有可能因亚硝酸盐摄入过量而危害健康。

但是亚硝酸盐有个弱点，那就是在酸性条件下非常不稳定，很容易分解为二氧化氮气体和一氧化氮气体。巧合的是，泡菜随着腌制时间的延长，它的酸性也会逐渐增强，这样就会促使泡菜中新生成的亚硝酸盐逐渐分解，所以腌制时间较长的泡菜反而亚硝酸盐含量较低，这也正是泡菜要腌制 15 ～ 30 天的另一个重要原因。写到这里我想套用一句俗语，真的是“心急吃不上健康泡菜”啊！

通过人工微生物变质而产生的美食还有很多，例如安徽名菜臭鳜鱼、北京人爱喝的豆汁儿、湖南小吃臭豆腐都是这类美食的代表作。微生物变质的美食可不都是“臭臭的”，其实美味的酸奶、醇香的酒酿，甚至是调味料酱油和醋都是通过微生物发酵而制成的。可以说没有微生物的助力，中国美食的魅力也会大打折扣。

## 干燥是打败微生物的另一方式

为了保存食物，人类与微生物的斗争已经延续了数千年。人工变质当然是一种很好的延长食物保存期限的方法，但是变质后的食物也已经发生了很大变化，失去了原有的风味。所以，保持食物原有的状态成了保存食物新的要求。

人工微生物变质的本质是在食物中引入有益微生物从而抑制了有害微生物的生长。但是，想要保持食物原有的状态就要从根本上抑制所有微生物的生长。那么我们就要想一个问题了：有没有微生物生长所必须依赖的条件？有，这就是水。只要食物中没有了水，微生物就无法生长，食物也就可以长久保存了。

人们最初是通过自然晾晒的方法来减少食物中的水分的，例如，沿海的人们会晾晒鱼干，而蒙古族同胞则会制作风干牛肉。八百多年前，硬硬的风干牛肉曾经是成吉思汗指挥蒙古铁骑的重要军粮，也是蒙古军队横扫欧亚大陆战无不胜的秘密。但是，风干的肉类会发生体积收缩从而变得异常坚硬，食用的口感会大大下降。

所以，风干法并不是干燥法的极致。在现代社会，人们发明了冷冻干燥法（冻干法），实现了在保持食物原有状态下对食物的长久保存。冻干法就是先把食物冷冻，然后在真空的条件下使食物中的冰直接升华成水蒸气，从而实现食物的干燥。冻干的蔬菜干、水果干依旧可以保持蔬菜和水果原先的外貌，并且在整个干燥过程中没有对食物进行加热，所以最大限度地保留了食物的营养。冻干的蔬菜干、水果干吃起来疏松绵脆，口感极佳，如果将蔬菜干和水果干重新泡水，我们就又重新得到了新鲜的蔬菜和水果。

你们知道吗？航天员们在太空中吃到的蔬菜和水果也都是冻干的呢！

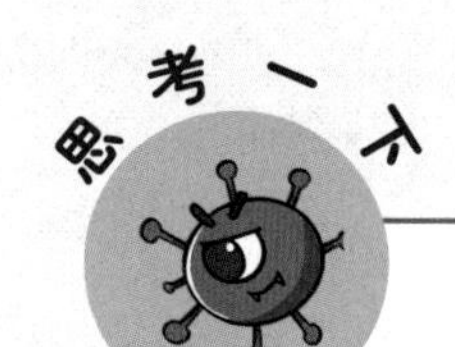


1. 松花蛋表面美丽的“松花”是由什么物质形成的？

2. 为什么泡菜要腌制15～30天？

3. 航天员们在太空中吃到的蔬菜和水果是什么样的？

# 2

# “辛辣辛辣”，“辛”可不是“辣”

辛辣辛辣，“辛”和“辣”总是一起出现，可事实上“辛”和“辣”却完全不同。

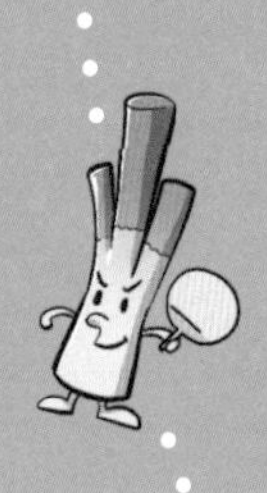

在我们生病的时候，经常会听到医生这样叮嘱我们：“饮食清淡一些，少吃辛辣的食物。”时间长了让我们总有一种错觉：“辛”和“辣”总是一起出现，它们应该是相同的意思吧？

可事实上，“辛”和“辣”完全不同。

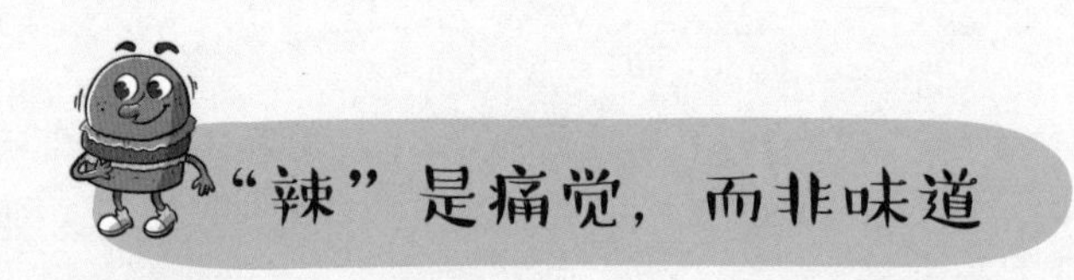

## “辣”是痛觉，而非味道

中国人常有“酸、甜、苦、辣、咸”五味的说法，可在中国古典医学名著《黄帝内经》中则将味道分为“酸、苦、甘（就是甜的意思）、辛、咸”五种，并没有“辣”这个味道。实际上，“辣”并不是味道，而是一种痛觉。

从生理学的角度来讲，酸、甜、苦、咸四种味觉的产生来自于食物中的化学物质对舌头上味觉受体细胞的刺激；而辣味则不同，辣味的产生则来自于化学物质对舌头上感觉神经细胞的刺激，这种刺激会让舌头产生灼热感和痛感。我们可以通过一个简

单的小实验来帮你区分什么是味道，什么是感觉：如果将辣椒油涂抹在手上，你的手也会像舌头一样感到非常“辣”；而将盐撒在手上时，手是不会感觉“咸”的。所以这个现象也再次证明了“辣”是感觉，而非味道。类似的情况还有花椒的“麻”，“麻”也是一种感觉，而不是味道。

虽然我国一多半省份的人都喜爱吃辣椒，并且中国是辣椒的第一大生产国与消费国，但其实中国人食用辣椒的历史也就短短几百年而已。辣椒原产于墨西哥，直到明末清初的时候才传入中国。虽然时间短，但是一想到麻辣小龙虾、水煮鱼、回锅肉、毛血旺、麻婆豆腐等美食，就不得不感叹中国厨师将辣椒的使用深入灵魂。既然“辣”是一种痛觉，为什么人们还如此喜爱呢？

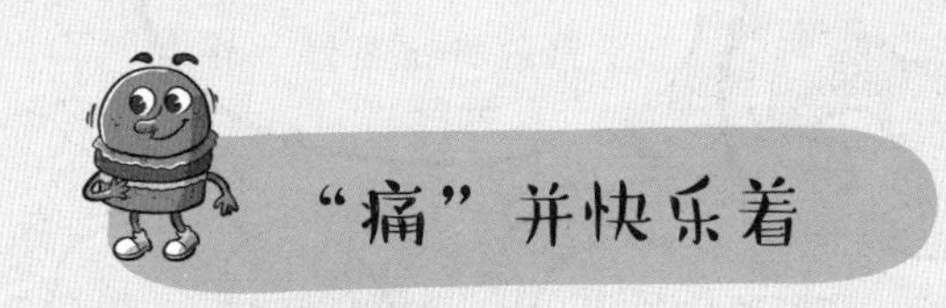

## “痛”并快乐着

我们都有这样一种生活体验，那就是当你感觉身心疲惫的时候，如果能吃上一顿麻辣火锅，你就会瞬间感觉身心愉悦、困意全消，对生活又重新充满了希望。这倒不是因为火锅的味道鲜美，而是因为火锅的辣味刺激了你的神经系统，进而神经兴奋，接着你的体温会随之升高，血液循环也会加快，这时候你就会感受到轻松和愉悦，疲劳也就随之消失了。辣味产生的源头就是辣椒中的一种化学物质——辣椒素。

从化学结构的角度来讲，辣椒素是一种香草酰胺类化合物，其中香草酰胺基团可以与人体细胞膜上的感觉神经受体结合，从而促进神经元细胞释放大量神经物质。这些神经物质会让人产生灼烧一样的疼痛感，这种疼痛感就是我们感受到的“辣”。

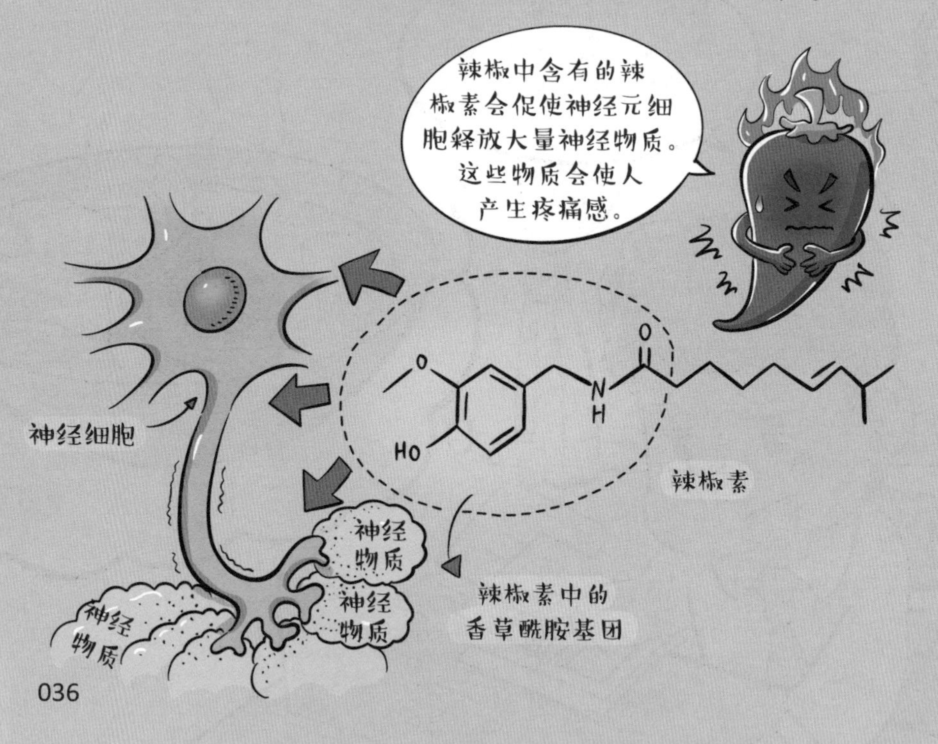

可能有些人在吃麻辣火锅的时候会有另外一个有趣的“错觉”：总觉得火锅吃着吃着就感觉不那么辣了，好像是我们突然习惯了这种辣或者觉得自己吃辣的能力迅速提升了似的。

其实，并不是我们吃辣的能力提升了。前面讲了，辣椒素之所以能够产生灼烧的疼痛感，是由于辣椒素促进了神经物质的释放。但当我们吃了一会儿火锅之后，神经元细胞中所储存的神经物质已经被大量消耗，再继续吃辣的东西，由于没有足够的神经物质可以释放，我们感受到的辣度也就没有刚吃火锅时那么高了。

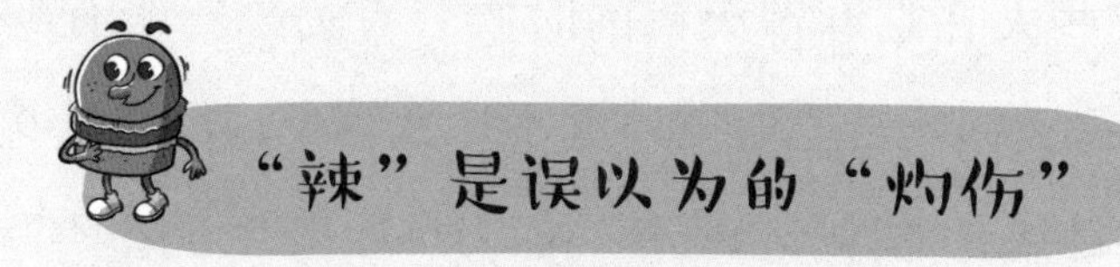

## “辣”是误以为的“灼伤”

目前吉尼斯世界纪录上的最辣辣椒之一是“卡罗来纳死神辣椒”，据说光闻到这种辣椒的气味就会让人涕泪横流，更别说吃了。很多人都喜爱吃辣，但同时又担心长期吃辣会损伤肠胃。

那么，辣椒真的会损伤肠胃吗？

我们已经知道，辣椒素只是可以让人体的皮肤产生“类似灼伤的感觉”，但并没有真的灼伤皮肤，也就是说，即使将辣椒素直接涂抹在皮肤上，也不会发生类似火焰烧伤皮肤那样的真实物理伤害。就像我们吃了一颗薄荷糖，嗓子会感觉到异常清凉，但是嗓子的温度却并没有降低一样，吃辣的食物也并不会灼伤肠胃。但是，这并不意味着吃辣的食物就对身体完全没有影响。

即使我们的肠胃并没有真的受到灼伤，但肠胃的的确确收到了受到灼伤的“错误”信号。因此，在辣椒素的刺激过于猛烈的情况下，肠胃就会认为有异常物质入侵，从而进行应激性防御，防御的表现通常有胃痉挛、腹泻等，这也是我们有时吃麻辣火锅之后容易拉肚子的原因。

当然，如果你摄入了过量的辣椒素，例如吃很多“死神辣椒”，这时不仅消化系统会错误地认为有异常物质入侵，甚至免疫系统也会误以为人体产生了重度的炎症。接着免疫系统就会开

始攻击疑似产生炎症的部位，从而对人体造成实际的伤害。因此，极度过量地食用辣椒是会对身体造成一定伤害的。

那么当你吃到过辣的食物时，如何降低辣度呢？首先，生活经验会告诉我们，可以喝冰镇饮料。没错，冰镇饮料可以降低口腔温度，从而抑制口腔神经的活性，降低对辣度的感知；还有一种方法就是喝牛奶，由于辣椒素是**脂溶性物质**，而牛奶中的蛋白质可以作为表面活性剂增加辣椒素在水中的溶解度，所以牛奶可以快速地将辣椒素从口腔带走，这样你就不会感觉到辣了。

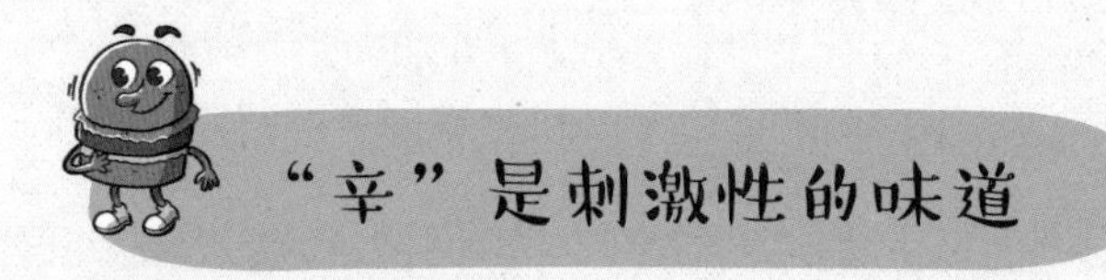

## “辛”是刺激性的味道

说完“辣”，大家肯定好奇“辛”到底是什么？“辛”确实是味道，但它是所有刺激性味道的统称。如果你还不明白什么是刺激性味道，就想想韭菜、香菜、茴香的特殊香味，它们三个就是典型的辛而不辣的食材。

中国美食之所以好吃，很重要的一点就是调料种类非常丰富，而在所有调料中有一个非常特殊的群体，被称为“香辛料”。最常见的香辛料就是葱、姜、蒜，它们也被中国人昵称为“去腥

三件套”。当然，香辛料还包括胡椒、八角、桂皮、香叶、草果、肉蔻、白芷等。这些香辛料呈现出各不相同的奇怪辛味，但是当它们和肉类食物相遇时，辛味就会抑制住肉类的腥气，同时让肉类食物焕发出奇妙的香味。

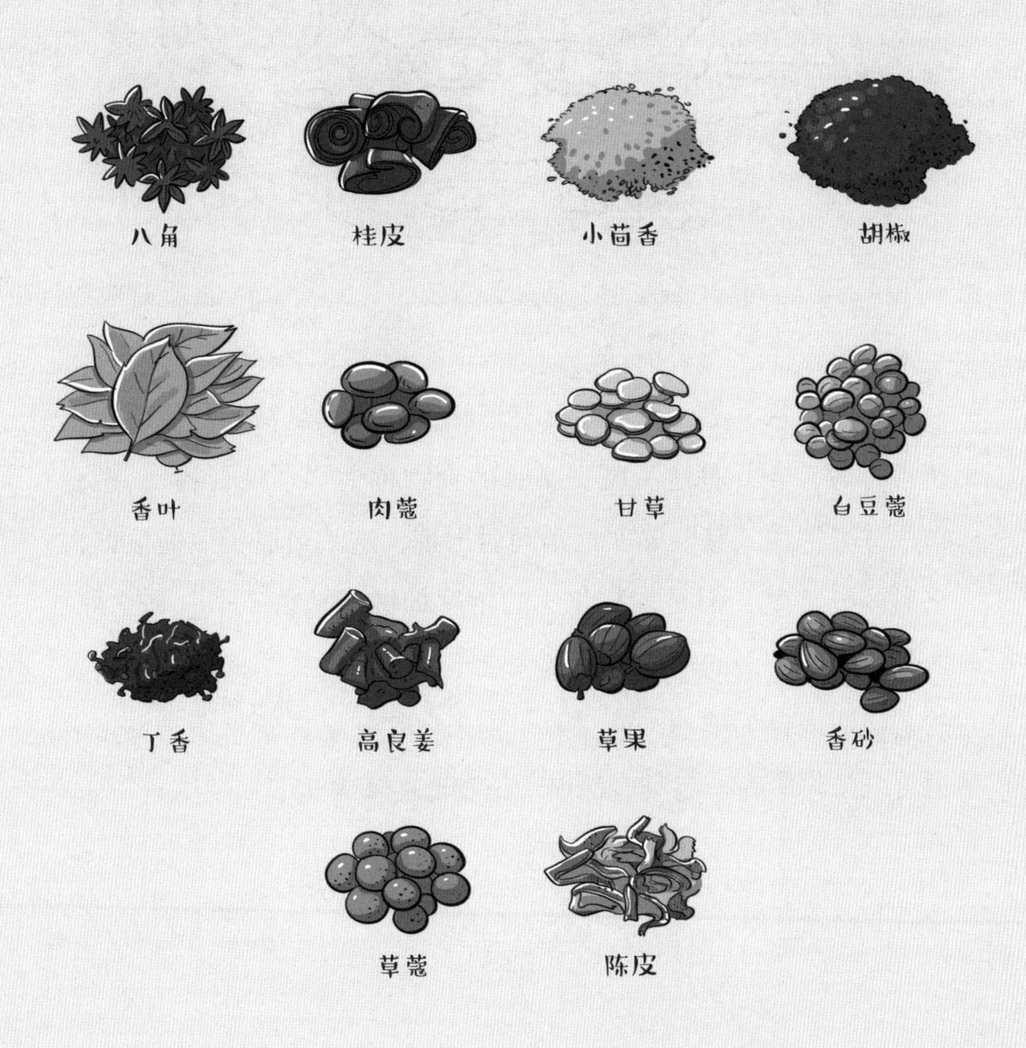

其实，葱、姜、蒜不光具有辛味，同时也是辣的。所以人们通常将葱、姜、蒜这类既辛又辣的食物称为“辛辣食物”。在食物中“辛”和“辣”确实经常同时出现，这就造成了人们很难将它们区分清楚。但是，从化学的角度却很容易将“辛”和“辣”区分，因为它们的产生是来自完全不同的两类化学物质，例如姜的“辛”来自姜精油，而“辣”则来自姜辣素，所以懂一点化学也可以帮你成为一名具有深厚理论功底的美食家！

## 大蒜和洋葱是“亲戚”

大蒜和洋葱我们都很熟悉，大蒜是中国人做饭时不可缺少的香辛料，而洋葱则是肉类的绝佳配菜。虽然一个名叫“蒜”，另一个名叫“葱”，但它们都是百合科葱属植物。作为全球销量排名前两位的葱属植物，大蒜和洋葱是实实在在的“亲戚”。大蒜和洋葱最大的共同点就是吃起来辛辣，吃完后口腔异味重。但奇怪的是无论大蒜还是洋葱，只要完好无损，你并不会闻到辛辣刺鼻的气味，这个现象与它们的生理结构及化学成分密切相关。

大蒜和洋葱中都有一类含硫元素（S）的氨基酸——蒜氨酸，它是辛辣味道和口腔异味的“幕后黑手”。大蒜中主要含的是烯丙基蒜氨酸，而洋葱中则主要含有丙烯基蒜氨酸。这两种蒜氨酸名字很像，也就意味着它们的结构只是稍有不同，在化学上是“亲戚”关系。其实，两种蒜氨酸本身都是没有气味的物质，但当大蒜和洋葱被切开时，它们各自细胞液中含有的蒜氨酸酶就会

与蒜氨酸迅速接触，并将蒜氨酸分解为具有辛辣味或臭味的含硫化合物。我们通常会觉得切洋葱比切蒜更辣眼睛，这是因为洋葱中丙烯基蒜氨酸的分解产物更刺激眼睛，再加上洋葱汁水更加丰富，因此切洋葱更容易让人流泪。

但大蒜中的烯丙基蒜氨酸被蒜氨酸酶分解后会产生一种很重要的天然抗菌保健物质——大蒜素。大蒜素是一种很好的可食用广谱杀菌剂，它可以轻易地穿透病菌的细胞膜，并与病菌体内的含硫蛋白质结合使其丧失活性，进而导致病菌的死亡。以至于曾经有商家专门制作了含有大蒜素的漱口水来帮助人们保持口腔健康。虽然用了这种漱口水之后口腔疾病确实降低了，但是每天的“口臭”却让人难以接受。

食用大蒜或洋葱最大的缺点就是会引起口臭，这是因为很多含硫物质都很臭，例如当我们吃了过多含有蛋白质的食物并且消化不良时，我们放的屁就会很臭，这就是因为臭屁中含有高剂量的硫化氢（$H_2S$）气体。大蒜和洋葱中的含硫物质进入人体之后通常只能依靠呼吸和汗液排泄，并且排泄速度很慢，这就导致吃了大蒜的人不但会有口臭，甚至有的人身上都会长时间地散发蒜臭味，所以吃蒜之前一定要想想当天还有没有重要的社交工作，以免给别人留下特殊的印象。

## 可怕的“蒜味”毒气——芥子气

在抗日战争中，臭名昭著的日本731部队曾经用中国人做活体毒气试验，犯下了滔天罪行，他们主要使用的毒气就是被称为“毒气之王”的芥子气。

芥子气的化学名称是二氯二乙硫醚，也是一种含硫化合物，因此芥子气也具有些许大蒜的味道。芥子气其实是一种液体物质，具有较好的挥发性，把芥子气装填进炮弹后就制成了毒气弹。人一旦吸入或沾染一定量的芥子气后就会全身溃烂，最终死亡。至今芥子气中毒依然没有特效药可以治疗。

芥子气第一次大规模地使用是在第一次世界大战期间。在那场战争中，芥子气夺走了超过百万人的生命，也让人类第一次了解到化学武器的恐怖。

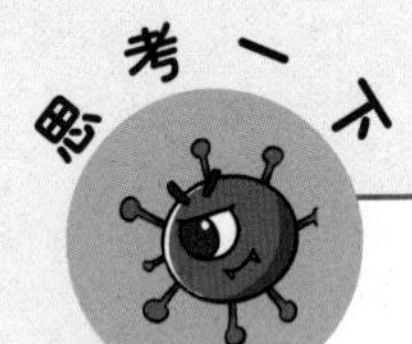


1.“辣”和“麻”是味觉还是触觉？

2.为什么吃了过多的辣椒后可以通过喝牛奶来降低口腔辣度？

3.大蒜和洋葱中分别含有哪种蒜氨酸？

# 3

# 提神醒脑的“魔力”

薄荷醇广泛存在于薄荷中，是一种可以给人带来清凉感觉的化学物质。但薄荷醇带来的只是清凉的感觉，而不是真的降低了人体的温度。

当我们工作疲乏的时候，很多人都会选择用一些方法让自己清醒，有的人会喝一杯咖啡或者浓茶，有的人则会在太阳穴上涂抹清凉油或风油精，有的人更简单直接地用凉水洗脸。压力让现代人不敢轻易停下努力的脚步，而学会适度“清醒”则成了保护自己的最后的倔强。

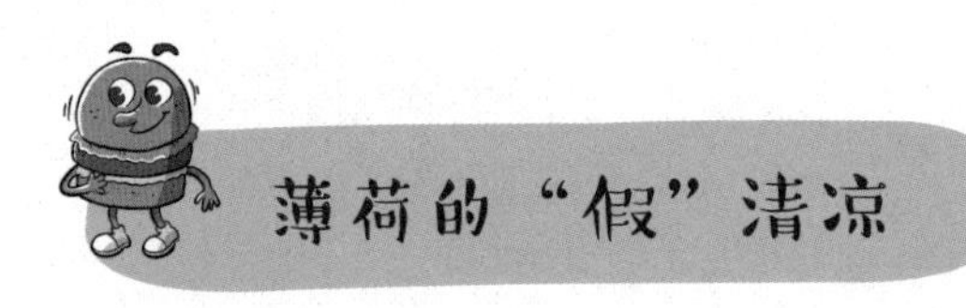


冷水洗脸之所以能让人清醒，主要原因就是冷水可以快速降低面部的温度，当我们的大脑感知到面部温度“异常”下降时，就会立刻发出指令加强人体的血液循环，从而给面部加热。在这个过程中，大脑也会得到额外的养分补充，从而让大脑清醒。所以，降低面部温度是一种可以有效提升思考能力和缓解疲乏的物理方法。明白了这个核心原理，解乏的方式就不仅只有凉水洗脸这么简单了。

日常生活中能给我们带来清凉的物品其实还有很多，比如牙膏、清凉油、花露水、口香糖等，这种看似“毫无缘由”的清凉来源于什么呢？我们能不能利用这种清凉感觉实现解乏的目的呢？

薄荷醇广泛存在于薄荷中，是一种可以给人带来清凉感觉的化学物质，也是花露水、清凉油或风油精中的核心组分。在这里一定要跟大家再次强调，薄荷醇带来的是清凉感觉，而不是真的降低了人体的温度，就像辣椒素只是给人带来了灼烧的感觉，而不是真的把人灼伤了一样。薄荷醇可以与皮肤上的冷觉感受器相结合，从而刺激冷觉感受器让人产生清凉的感觉。所以，如果你困乏的时候在太阳穴上涂抹一些含有薄荷醇的清凉油或风油精，

虽然头部温度并没有下降，但由于你感受到了清凉，大脑这时就会误以为头部温度发生“异常”下降。因此，头部的血液循环也会加强，困乏的感觉也就缓解了。

花露水止痒驱蚊的作用很大程度上也源于其中含有的薄荷醇。一方面薄荷醇给予人的清凉感觉可以部分“掩盖”蚊虫叮咬而产生的“痒”的感觉；另一方面，既然清凉是一种感觉，那么这种感觉就不可能只有人类才有，蚊虫也有。薄荷醇具有很强的**挥发性**，当花露水喷洒在人体上时，里面含有的薄荷醇就会逐渐挥发，这时如果有蚊子接近你，首先挥发的薄荷醇气味就会让蚊子无法忍受，接着蚊子也会感受到身体“异常”的清凉。“异常”就预示着“风险”，因此蚊子为了躲避未知风险就会远离你。当然，也正是因为薄荷醇极强的挥发性，使得喷在身上的花露水经过一定时间后就失效了。

## 拓展阅读

### 薄荷看似“缺点”的“优点”

薄荷醇的易挥发性也给很多食品甚至药物带来运输和储存的困扰，毕竟随着放置时间的延长，里面含有的薄荷醇就会逐渐减少，从而让食品失去风味、让药品失去功效，因此科学家们正试图研发一种不挥发的人工薄荷醇来代替挥发的天然薄荷醇。然而，缺点和优点往往是相对的，考古学家们在薄荷醇的挥发性上看到了另一种希望。

在考古发掘的现场经常会出土一些极其脆弱的文物，例如具有彩绘的文物碎片、质地易碎的化石等。这些文物在出土之前就要先进行预加固的临时处理，以免出土过程中发生二次破坏。通常使用的预加固材料是环十二烷，这种材料加

热就可以熔融并附着在文物表面，从而起到加固的作用。等文物出土之后，只要放在通风的环境中，环十二烷很容易就会挥发消失，对文物完全不会造成伤害。但是，环十二烷价格昂贵，更重要的是环十二烷可能具有一定的生物毒性，因此使用的时候要格外慎重。

而薄荷醇作为可食用物质就完全不存在生物毒性的风险，并且薄荷醇产量大、价格便宜，凭借其优异的挥发性着实成了环十二烷最佳的替代品。在秦始皇陵兵马俑一号坑的发掘中，中国考古学家就开创性地使用了薄荷醇作为预加固材料，成功挽救了一大批珍贵的历史文物，也为全球考古的发展贡献了中国智慧。

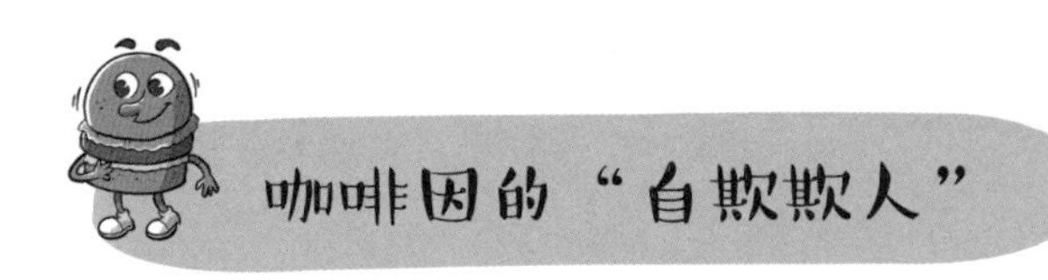

## 咖啡因的“自欺欺人”

如果说薄荷醇解乏是通过物理方法让已经困乏的人重新精神起来，那么咖啡因解乏则是通过生理方法阻止人产生困觉。工作中手持一杯咖啡成为越来越多忙碌白领的标配，咖啡也帮助年轻人保持旺盛的精力，那么喝咖啡到底是如何抑制困觉产生的呢？

人之所以会产生困觉，是由于人在长时间清醒后，大脑会不断积累“瞌睡物质”——腺苷。这种“瞌睡物质”可以与大脑的神经受体相结合，从而给大脑传递“该睡觉”的信号，人就会产生困觉。而咖啡中的主要神经活性成分咖啡因也同样可以与大脑产生困觉的神经受体结合，从而让大脑无法接收到“该睡觉”的信号，“被迫”继续保持清醒，给人的感觉就是精力十分旺盛。但是，这种自欺欺人的清醒模式并不会减少身体内“瞌睡物质”的继续积累，当咖啡因逐渐被身体代谢消耗后，人的困意将会来得更加猛烈。

不光是咖啡里含有咖啡因，咖啡因还广泛存在于茶叶和可可粉（制作巧克力的原料）中，所以喝咖啡与喝茶、吃巧克力都具有提神醒脑功效。现代人在制作功能型饮料的时候，也会人为地添加咖啡因，让人们喝了这些饮料后变得精力充沛。

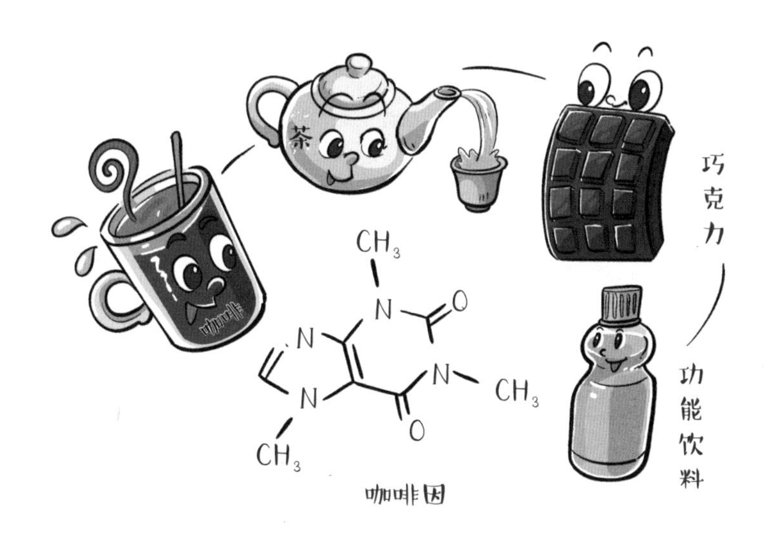

茶叶和可可粉中除了含有咖啡因，还各自含有一种与咖啡因化学结构十分相似的类咖啡因物质——茶碱和可可碱。这两种生物碱也具有抑制困乏的生理功效。那么细心的小朋友们，请大家仔细找找这三种化学物质的结构到底差别在哪里呢？

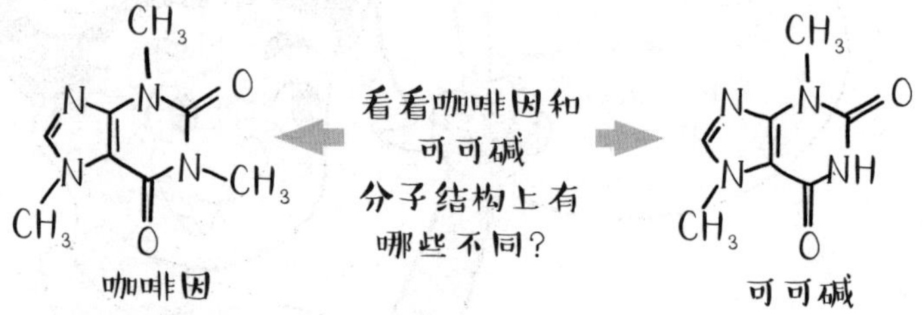

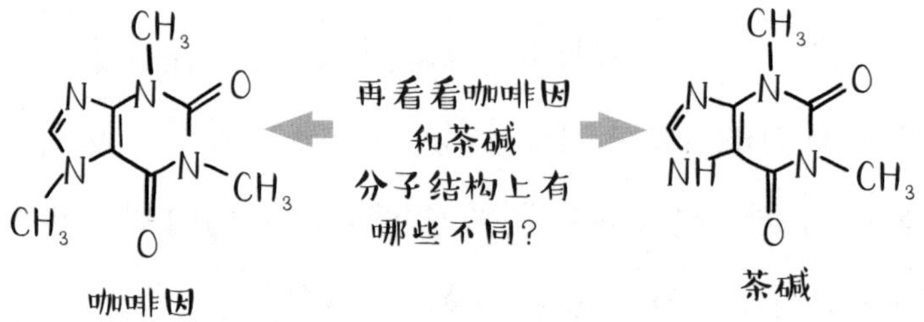

咖啡因

看看咖啡因和可可碱分子结构上有哪些不同？

可可碱

咖啡因

再看看咖啡因和茶碱分子结构上有哪些不同？

茶碱

## 拓展阅读

### 香味是“热”出来的——美拉德反应

在生活中，大家一定有这样的生活经验：蒸的米饭不如锅边焦煳的锅巴好吃，蒸的馒头没有烘烤的面包香甜。这看似十分寻常的生活经验却蕴含着深刻的化学原理，这也同样是咖啡、茶叶、巧克力香味的秘密。

无论是茶叶、咖啡豆还是可可豆，在采摘之后都要进行一个非常重要的步骤——高温处理。高温烘焙后的咖啡豆和可可豆分别从青色和白色变成了棕色，而茶叶经过高温炒制也从翠绿变成了暗绿，同时香味也逐渐散发出来，好像香味

的增加总是和颜色的加深是相互关联的。没错，高温并不会促使香味物质从食物中散发出来，而是在高温条件下食物中的蛋白质和糖类物质（例如淀粉）可以快速发生美拉德反应，从而产生棕褐色的香味物质。因此，颜色不够深的咖啡豆往往不够香，而米饭经过“美拉德变身”后就是锅边更加香脆的锅巴啦！

那么问题来了，为什么在炖煮红烧肉的时候可以放冰糖“提鲜”呢？

## 可食用的天然杀虫剂

无论是咖啡因、茶碱还是可可碱，它们本身在植物中的角色其实是天然杀虫剂，也就是天然农药。

前面讲了，咖啡因可以作用于人类的神经系统，从而抑制困意的产生。但是，当咖啡因的摄入量增大至 10 克以上时，人就会咖啡因中毒而有生命危险。不过大家不用担心，想要达到这个摄入量，你需要在短时间内喝掉 100 杯咖啡才行。所以，正常饮用咖啡是安全的。

既然咖啡因对人类有毒，那么对其他生物也同样有毒。目前已经在超过 60 种植物的果实、叶片和种子中发现了咖啡因，这足以让大部分以这些植物为食的昆虫产生神经麻痹而死亡。所以，植物中天然含有咖啡因其实是植物的一种自我保护机制。

对于家里有宠物的人来说，一定要让小猫小狗远离巧克力，尤其是黑巧克力。由于巧克力是由可可豆直接研磨制作而成的，里面含有浓度很高的咖啡因和可可碱。这两种物质化学结构相似，所以对于宠物来说都具有很强的神经毒性。对于体重较小的狗来说，一条纯黑巧克力可能就致命了。

## 咖啡饮品里也有航天技术

其实每个人对咖啡因的耐受程度是不同的，有些人对咖啡因极其敏感，以致一杯咖啡进肚很快就会全身发抖、冒虚汗，因此，咖啡不能成为所有人的时尚饮品。既然知道是咖啡因作祟，那么如果将咖啡豆中的咖啡因提取出来，这种无咖啡因咖啡对所有人来讲都将变得十分友好。

那么如何提取咖啡因呢？这里需要一种特殊物质的帮助——超临界二氧化碳。

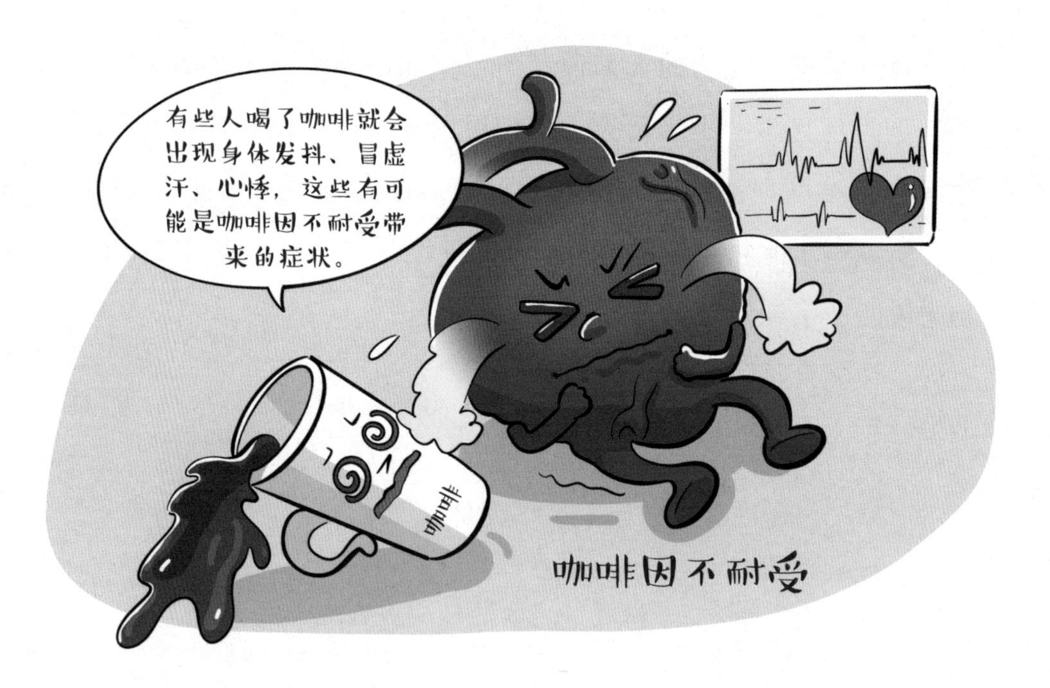

“超临界二氧化碳”这个名字听起来十分酷炫，但本质上它依然是我们熟知的二氧化碳（$CO_2$）。只是当二氧化碳处于特定的温度和压力下，它将处于超临界状态。

什么是超临界状态？我们知道，二氧化碳有固态、液态、气态三种状态，其中固态的密度最大，液态次之，而气态的密度最小。随着温度的升高，液态二氧化碳的体积会膨胀，密度会减小；而随着压力的升高，气态二氧化碳的体积会收缩，密度会增大。大家想象一下，当温度和压力同时升高时，气态二氧化碳与液态二氧化碳的密度就会逐步靠近，最终达到相同的状态。这时候，二氧化碳既不像液态又不像气态，却又让人感受既像液态又像气态，处于一种介于液态和气态的中间状态，这就是超临界状态。

超临界二氧化碳对很多物质都具有非常好的溶解性，包括咖啡因。人们利用超临界二氧化碳将咖啡豆中的咖啡因萃取出来就得到了无咖啡因咖啡豆，用这种咖啡豆冲泡的咖啡就是现在风靡一时的无咖啡因咖啡了。在我国现代中医药产业中，科研工作者也是利用超临界二氧化碳来萃取提纯中药中的有效活性成分的，这样得到的中成药药效更好，大大推动了我国中药事业的发展。

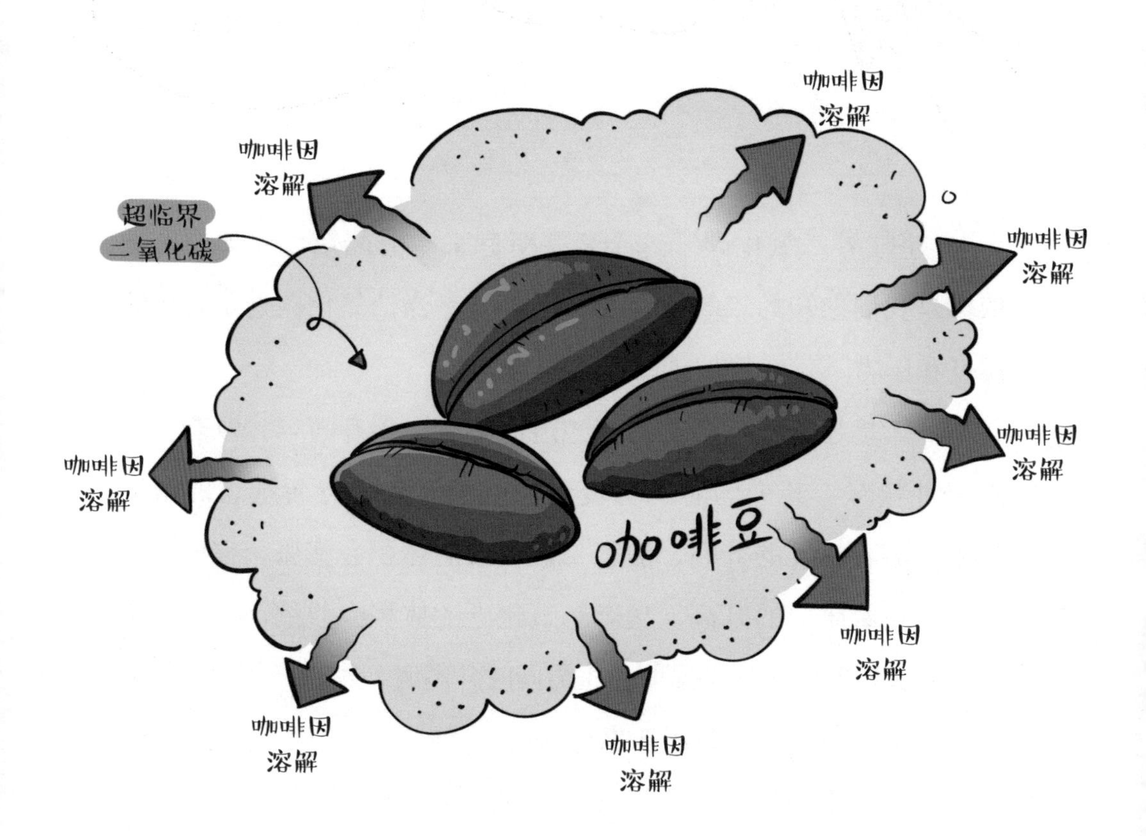

由于超临界状态的物质既不像液态又不像气态，使得超临界物质不存在气－液界面，因此也就没有表面张力。科学家们根据这一原理，成功利用超临界二氧化碳实现了气凝胶材料的制备，为火箭、飞船等航天器提供了性能绝佳的隔热材料。

没想到，为了能让所有人品尝到咖啡的醇美，居然可以应用到航天技术。其实，某一领域的技术跨越往往不是内生出来的，多数来源于其他行业技术的跨界应用，这种多领域相互迭代式的技术创新在现今世界不断地上演着。

1. 薄荷醇的哪一个“缺点”反而成就了它广泛应用于考古发掘工作？
2. 咖啡因和另外哪两种物质的化学结构相似？
3. 咖啡豆、茶叶和可可豆经过高温处理后为什么会变为棕褐色？

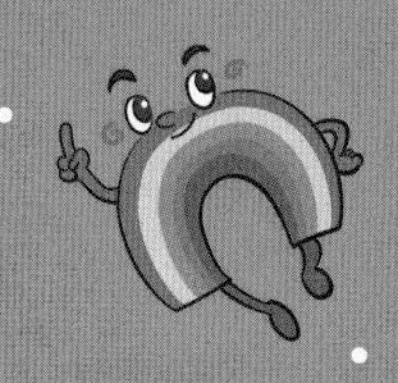

# 让食物拥有多彩的“灵魂”

“色香味俱全”作为菜肴制作的终极目标，也体现出食物的外表与味道具有同等重要的地位。

五彩缤纷的颜色能够让人身心愉悦。

如果美味的食物还能够同时拥有诱人的色彩，那么食物将会更加出众。**“色香味俱全”**作为菜肴制作的终极目标，也体现出食物的外表与味道具有同等重要的地位。不过，在我们系统了解食物色彩的来源之前，我们需要先搞清楚人是如何看到颜色的。

## 剩下什么光，就看到什么光

太阳发出的万丈光芒其实是包含了各种光的大杂烩。人类只能看到其中的一部分，也就是波长为 400 ～ 760nm（nm 为纳米）的可见光，而紫外光、红外光等其他波长的光人类是看不到的。波长为 400nm 附近的可见光为紫色，而波长为 760nm 附近的可见光为红色，所以人能看到的颜色是一个从紫色逐渐转变为红色的光谱带，其中包含紫、靛、蓝、绿、黄、橙、红等不同的颜色。这就是人类看到的多彩世界。

虽然太阳光包含了所有颜色，但是人能够看到的物体颜色却取决于物体反射到人眼中的光的颜色。例如，树叶反射了太阳光中的绿光，而吸收了其他波长的光，所以人看到的树叶就为绿色。而秋天的枫叶则反射了太阳光中的红光，吸收了其他颜色的光，所以秋天的枫叶就呈现红色。因此，大家可能在生活中会有这样一种体会：夜晚的公路两侧经常可以看见一种发出黄光的路灯，这种灯叫作钠灯。当大家尝试在钠灯的灯光下去观察周边的树叶时，就会惊奇地发现树叶看起来并不是绿色的，而是黑色

的。这就是因为钠灯发出的光中只含有黄光，而不包含绿光，树叶会把黄光全部吸收而没有绿光可以反射，因此树叶看起来就是黑色的。

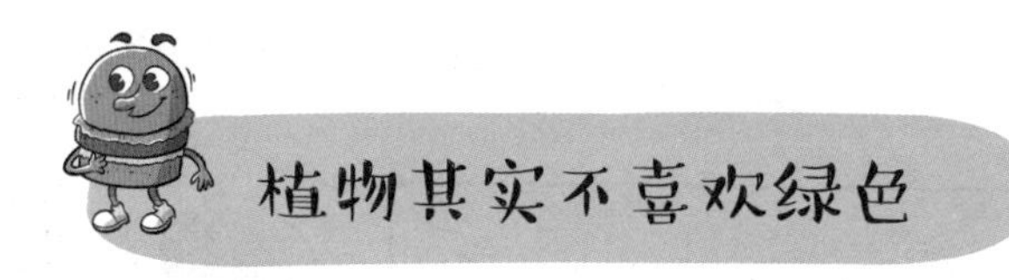

## 植物其实不喜欢绿色

既然树叶只反射绿光，说明树叶中一定含有一种只反射绿光而吸收其他光的天然色素，这就是我们熟知的叶绿素。

绿色是生命力的象征，而广泛存在于植物叶片和茎秆中的叶绿素则是体现生命力的源泉。我们都知道，叶绿素是植物进行光合作用必不可少的组分，因为它可以帮助植物吸收太阳光，从而将太阳能转变为化学能储存起来。这个能量转化的过程是自然界最基本的固定太阳能量的模式。

但其实叶绿素有多种不同的类型，例如叶绿素 a、叶绿素 b、叶绿素 c、叶绿素 d 等。无论结构如何改变，叶绿素最核心的化学结构都是由卟啉环与镁离子（$Mg^{2+}$）形成的配位化合物。这种特殊的多电子共轭化学结构使叶绿素在蓝紫光区和红光区具有强烈的吸收，而在绿光区的吸收却很少。从这里我们就可以推断出，叶绿素主要是将蓝紫光和红光所含的能量吸收和储存了，而绿光对于植物的光合作用来讲其实是没用的，所以都被反射了出来。因此，如果你使用蓝光和红光来照射植物，植物依然可以继续生长；而将植物放在绿光的环境中，由于光合作用无法进行，植物便会渐渐死去。

既然卟啉环与镁离子形成的共轭化学结构可以提供显色功能，那么如果将其中的镁离子去掉，叶绿素必然会变色。在第一章中我们已经讲了，泡菜在发酵的过程中总是处于酸性环境，这种条件下镁离子就会从卟啉环中脱离。由于叶绿素的共轭结构遭到破坏，最终就会导致叶绿素变为褐色的脱镁叶绿素，这也是新鲜蔬菜被制作成泡菜后会变色的主要原因。

如果将叶绿素中的镁离子替换为亚铁离子（$Fe^{2+}$），叶绿素就会变为红色，因为这个结构与人体血液中的显色物质血红素的化学结构十分相似。

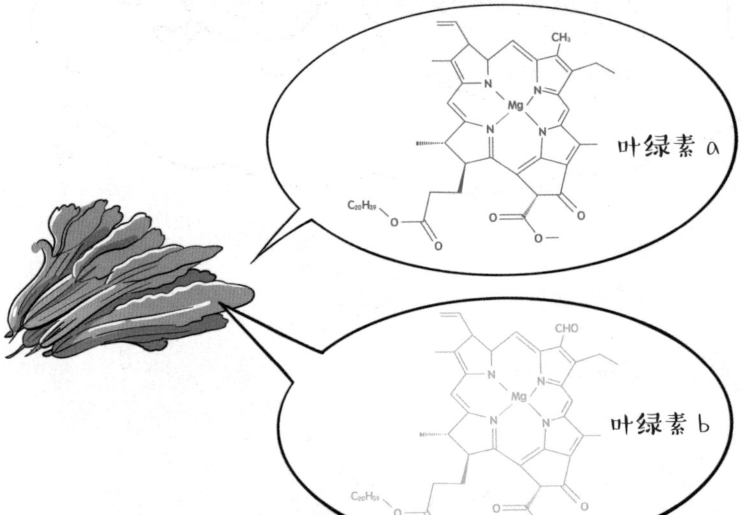

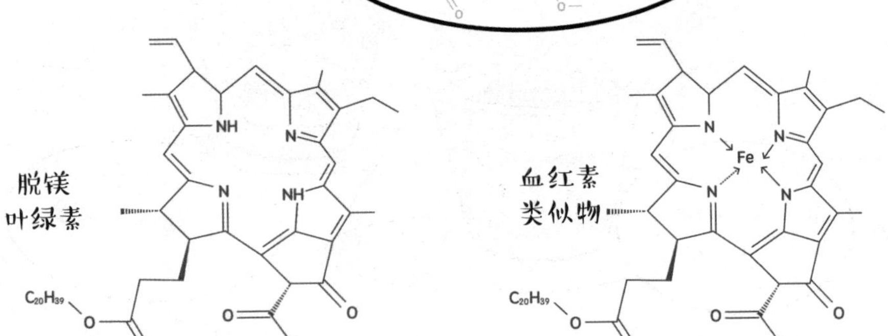

叶绿素应该是人们最早使用的天然色素之一，在我国民间依然存在着一种传统美食，被称为“菠菜面”。这种绿色的面条其实就是在制作时将煮熟的菠菜与面粉混合和面，得到的鲜绿色面团就可以制作菠菜面了。

# 红烧肉也许能降血脂

五彩缤纷的花朵，清脆嫩绿的枝叶，很自然地就会给人们一个心理暗示，是不是天然的色素都来自于植物呢？确实，大多数的天然有色物质都提取自植物，但是少数微生物给予的天然色素往往具有更多的妙用。

红烧肉作为中国传统美食流行于祖国的大江南北，在中国人的菜谱中享有很高的地位。如果想让红烧肉拥有类似枣红色的诱人色泽，就一定要在炖煮过程中添加一味必不可少的特殊着色食材——红曲米。

红曲米，其实就是由普通大米蒸熟后再由红曲霉菌发酵而形成的紫红色“变质”米。红曲霉菌可以在蒸熟的大米上繁衍生息，在自身菌群不断增殖和新陈代谢的过程中就会产生一种红色的天然色素——红曲红素。随着大米中红曲红素的不断积累，大米的颜色就会从白色逐渐变为粉红、深红，直到紫红，此时红曲米也就制作完成了。

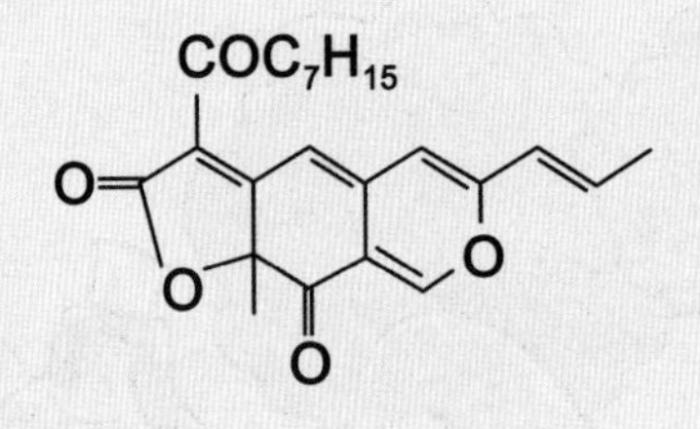


红曲红素 $C_{23}H_{26}O_5$

多电子共轭化学结构赋予了红曲红素的显色功能。

如果大家仔细观察红曲红素的化学结构就会发现，红曲红素的分子与叶绿素分子有个共同特点，那就是分子结构中都存在大量由碳－碳双键（C=C）组成的多电子共轭化学结构，也正是这样的结构赋予了红曲红素的显色功能。只是由于红曲红素共轭结构中的电子密度与叶绿素共轭结构中的电子密度不同，因此这两种化学物质呈现出了不同的颜色。

红曲红素的使用在中国已经有1000多年的历史，从宋朝开始，中国人就发明了从红曲米中提取红曲红素的方法。红曲红素更是目前世界上唯一一种利用微生物实现工业化生产的天然食用色素。红曲红素无毒无害，我们生活中经常吃到的豆腐乳、果酱、糖果、饼干和饮料里面都会根据需要添加一定量的红曲红素，从而满足食品色泽的要求。

中国古人不但发明了红曲米的制作方法，更是发现了红曲米还具有广泛的药用价值。明代李时珍撰写的中国古代医药巨著《本草纲目》中就明确记载红曲米可以“消食活血、健脾暖胃”，并将红曲米称为“奇药”。现代医学更是证明了红曲米具有降低人体血液中胆固醇含量，进而降低血脂的作用。

大家肯定好奇，难道是红曲红素这种天然色素具有药性吗？其实并不是，在红曲霉菌不断发酵产生红曲红素的同时，还有另一种代谢产物伴随而生，这就是红曲霉素。红曲霉素被证明具有活血健脾、降低血脂的作用。因此，我们在制作红烧肉时由于添加了适量的红曲米，不但赋予了红烧肉鲜红的色泽，同时在不知不觉间也赋予了红烧肉降低血脂的功效，让这道油腻的菜肴反而对健康有了一定的益处，消减掉了油腻带来的不健康影响。

红烧肉，这道中国经典美食的制作方法淋漓尽致地体现出了中国道家“相反相成、和合共生”的辩证思想。

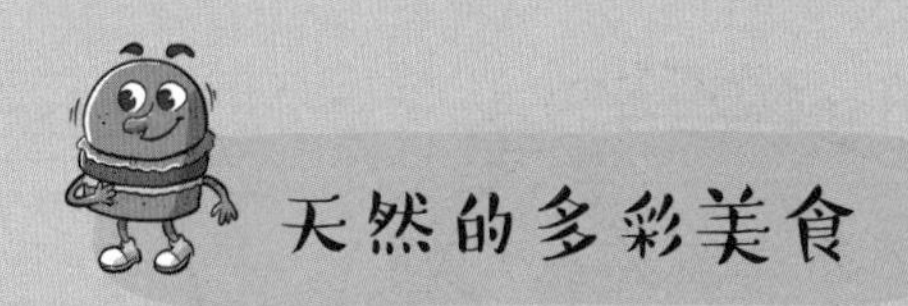

## 天然的多彩美食

五彩斑斓的大自然其实已经说明，自然界中存在所有颜色的天然色素。而中国古人也早已经掌握了涵盖近乎全色系的天然色素宝库。

除了上面提到的植物茎叶中绿色的叶绿素、红曲米中红色的红曲红素以外，姜黄中含有黄色的姜黄素、胡萝卜中含有橙色的胡萝卜素、螺旋藻中含有蓝色的藻蓝素、可可壳中含有棕色的可可色素。中国人利用色彩缤纷的天然食材创造出了各种精致艳丽的美食，例如广西五色糯米饭、海南五色粽、江西九层皮、七彩龙须酥，等等。

每年农历三月三，广西的壮族同胞都会利用枫香叶（黑色）、红蓝草（红色）、紫蓝草（紫色）、密蒙花（黄色）分别浸染糯米，再加上没有染色的白色糯米共同组成了传统特色美食五色糯米饭。这种多彩美食不仅外观精致亮丽，更重要的是天然食材中的天然色素大多具有一定的药性，长期食用对身体也具有一定的保健作用。

随着食品科技的发展，人们已经不满足于只使用带有颜色的食材来进行食物染色，而是通过工业方法直接将天然色素从食材中提取出来，从而实现更加灵活的使用。例如，姜黄素是全世界销量最大的天然色素之一，广泛应用于食品添加剂和药物制造领域，如今全球年产量达到约500万吨。咖喱粉、巧克力、糖果、饮料中都能看到姜黄素的身影。

像姜黄素这样的天然色素固然很好，但是它也不可避免地存在缺点。首先，天然色素的化学结构不太稳定，在强光、高温、强酸、强碱的环境下，天然色素都会发生褪色或者变色。其次，提取天然色素的效率太低，产量有限，随着人类社会的发展，纯粹依靠提取天然色素已经越来越难以满足人们的需求了。

这时，一个想法就会自然地冒出来：我们能不能通过人工合成的方法来制造更加稳定、产量更大的色素呢？

可以，但并不简单。

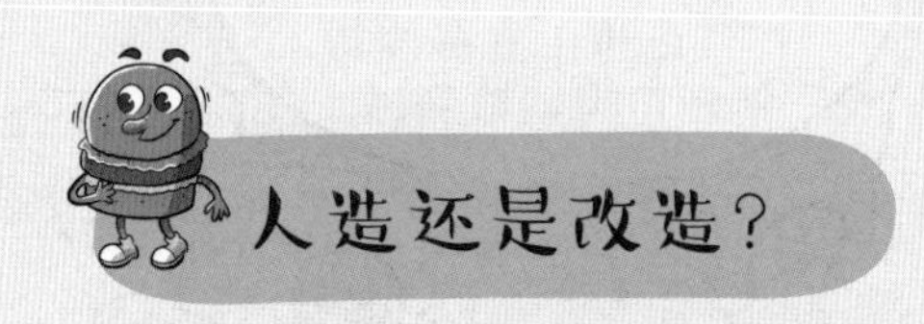

## 人造还是改造？

色彩对人类的吸引力实在太大了，但是在现代工业文明到来之前，人们只能使用天然色素，这就意味着色彩艳丽的一切事物注定昂贵，包括食物。当工业文明到来之后，人们就迫不及待地想自己制造色素。

人工合成色素是随着煤化工行业的发展而建立起来的，所以原料都是化石能源的提取物。这些原料通过化学反应变为人们通过化学理论设计出的显色化学结构。例如，胭脂虫红是一种从雌

性胭脂虫体内提取的动物类天然色素，广泛应用于高档口红中，因为胭脂虫数量有限而导致胭脂虫红的价格在历史上一度与黄金相当。为了降低这种色素的价格，人们发明了合成色素——胭脂红。胭脂红的化学结构虽然与胭脂虫红毫无关联，但是它具有与胭脂虫红一样的鲜艳红色，并且价格便宜，因此一些低成本口红往往使用的是这种人工合成色素。

由于人工合成色素的化学结构是人为设计的，这样就带来了一个问题：人工合成色素往往具有生物毒性，应尽量避免大量食用。临床研究显示，大量摄入某些人工合成色素可以诱发腹泻、中毒、儿童多动症，甚至可致癌。因此，人工色素的使用是受到严格限制的。面对这种情况，人们又只能回过头来重新审视对人类友好的天然色素，看看能否用一些现代手段克服天然色素的不稳定性。人们首先想改造的依然是“老朋友”叶绿素。

前面讲到，叶绿素的显色结构为卟啉环与镁离子形成的络合结构，人们发现，当使用铜离子（$Cu^{2+}$）代替叶绿素中的镁离子之后，叶绿素的颜色会变为深绿色，同时色彩的稳定性也变得非常高，因此，这种基于叶绿素内金属离子替换的半合成色素——叶绿素铜钠盐就诞生了。叶绿素铜钠盐不但色泽稳定，并且对人体没有毒副作用，已经作为食品色素和化妆品色素被广泛使用。

从色素的发展历程中我们就会发现，为了解决天然色素不稳定且产量较低不能满足大规模使用的问题，人们探索了两种思路：人造的全合成色素和改造的半合成色素。全合成色素便宜但不安全，半合成色素安全但价格昂贵。两种方法都各具优势与缺点，这样的结果好像并没有完全解决现实问题，略显遗憾。但如果换个角度去想，将全合成色素用于服装制造等工业领域，可以降低成本且满足大量需求，而半合成色素用于食品行业可以保证饮食安全，两者结合也就间接解决了色素的全部使用问题。

因此，在社会发展中事物的更新往往不是直接的，社会问题的解决也不会是线性的，找到解决问题的系统方案才是解决复杂问题的万能法宝！

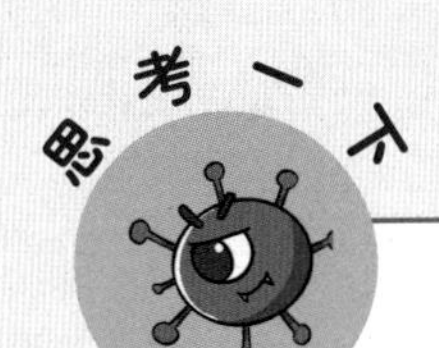


1. 如果将叶绿素中的镁离子替换为亚铁离子，叶绿素会变为什么颜色？

2. 红曲米是如何变为红色的？

3. 广西的五色糯米饭是如何制作的？

# 5

# 娱乐或更长远的未来

当基本的饮食需求被满足后，人们便对食物获取方式有了更高的追求，即希望利用人工合成的方法来制造食物。

纵观人类历史，人们对于美好食物的追求经历了两个阶段，**吃饱和吃好**。为了吃饱，人们学会了采摘捕猎、农耕种植和牲畜驯化，逐渐掌握了在自然界稳定获取食物从而长久生存的能力。尤其是到了工业革命兴起时期，随着机械化的普及，人们从大自然获取食物的能力得到了进一步的提高。

当基本的饮食需求被满足后，人们便对食物获取方式有了更高的追求，即希望利用人工合成的方法来制造食物。**人工制造食物**的目的其实有两个：一个是创造一些有趣的食物来提升人们的生活品质，另一个则是摆脱人类一定要从自然界获取食物的束缚。这样既可以应对地球人口增长而可能带来的食物危机，又可为人类未来踏上星际移民之旅时不至于食物短缺而提前做好技术储备。

因此，人造食物势在必行。

## 可以咀嚼的柔软“轮胎”

咀嚼有助于缓解人的紧张情绪，同时提高专注力并保持大脑一定的活跃程度。因此，在古代社会人们就有咀嚼各种香草、谷物的习惯。而如今随着口香糖的流行，人们在嘴里嚼片口香糖成了一种时尚的生活习惯，也使得口香糖这种不能吃、只能嚼的奇特食品，成了人类历史上一种特别且极为成功的人造食品。

不过口香糖在发明之前，人们根本没想过胶质材料可以用来制作食品。19 世纪 60 年代，一位在美墨战争中战败的墨西哥将军桑塔·安纳带着一种墨西哥特有的天然树胶——人心果树胶（也叫糖胶树胶）来到美国。他期望这种树胶可以替代天然橡胶在工业领域广泛应用从而让他大赚一笔。但遗憾的是，安纳的愿望并没有实现，失败的结果也让他百思不得其解。不过从现代人的眼光来看这件事，他的失败是必然的，也是可惜的。

人心果树胶和天然橡胶确实具有相似之处，它们分别是从人心果树和橡胶树的树干分泌出的乳液中提取出来的。不过虽然都是乳液提取，但是化学成分略有不同：天然橡胶的主要成分为顺式 -1,4- 聚异戊二烯，而人心果树胶的主要成分则是反式 -1,4- 聚异戊二烯。别看这两种物质的化学组成完全相同，并且名称也就相差一个字，但是两种物质所含官能团的空间摆放位置却略有不同，这就造成了二者完全不同的物理性质：顺式 -1,4- 聚异戊二烯（天然橡胶）材质柔软，而反式 -1,4- 聚异戊二烯（人心果树胶）则硬度很大。

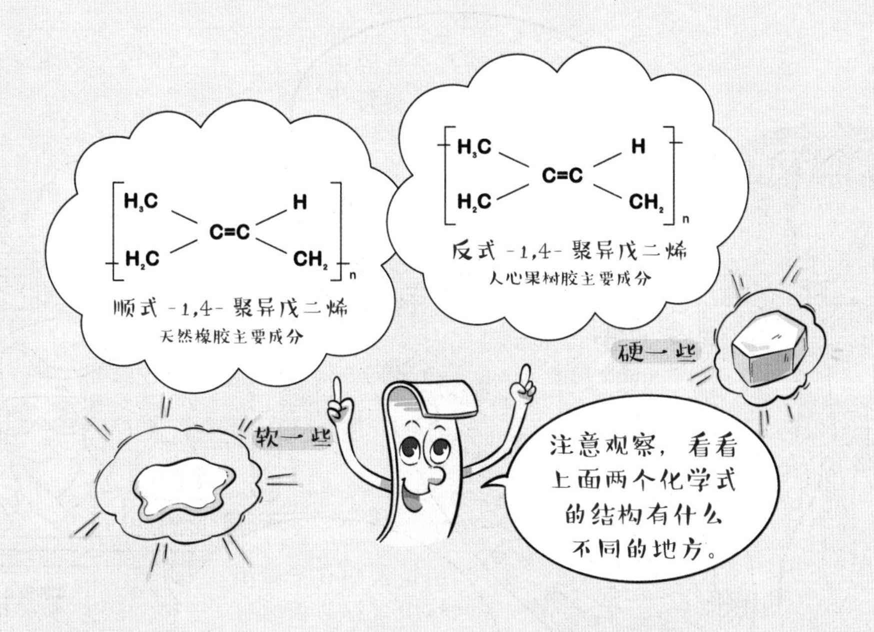


失败的安纳非常沮丧，但是他的朋友美国冒险家亚当斯却发现了新的机会：他发现安纳平常很喜欢将人心果树胶放在嘴里咀嚼，并且安纳家乡的很多人也有这个习惯，嚼起来乐此不疲。于是亚当斯想到，如果把树胶做成一种糖果卖给美国人一定会非常有市场！亚当斯说干就干，他从墨西哥进口人心果树胶并在美国的加工厂把树胶制作成球状。于是人类历史上第一款口香糖就这样诞生了，亚当斯也被认为是“现代口香糖之父”。

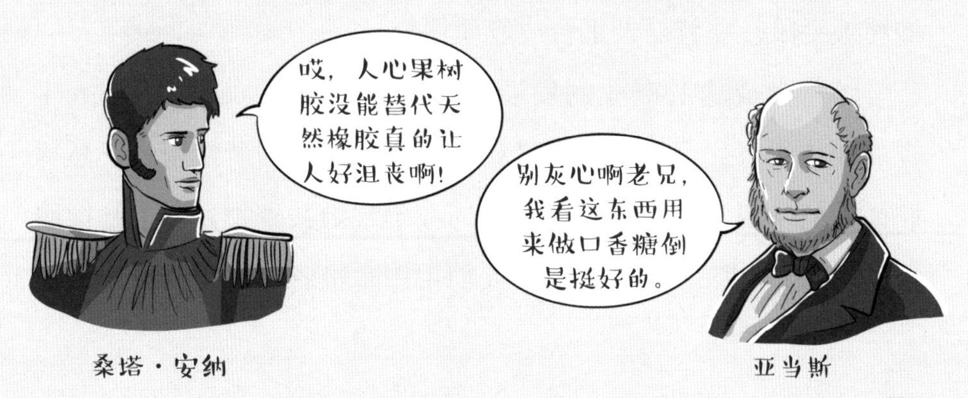

随着口香糖在全世界的风靡，人心果树胶严重供不应求，于是寻找更多的口香糖胶质原料迫在眉睫。人们发现印度尼西亚的节路顿树胶和巴西的索马树胶也可以制作口香糖，但是这些原料加在一起依然供不应求。无奈之下，人们只能想到一个解决问题的终极手段，那就是人工合成胶质原料。

随着合成橡胶产业的发展，天然橡胶已经大规模地被人工合成橡胶所替代。例如，为了替代制造汽车轮胎所使用的天然橡胶，人们发明了丁苯橡胶（苯乙烯和丁二烯共聚物）和丁基橡胶（异丁烯和异戊二烯共聚物）。人们用丁苯橡胶制作轮胎外层从而提供高强度和高耐磨性，而用丁基橡胶制作轮胎内层来提供高气密性和高阻尼性。人们在使用丁基橡胶的过程中惊奇地发现，这种柔软的橡胶材料居然也非常适合制作口香糖，只要在丁基橡胶中掺入适量的聚醋酸乙烯树脂、调味剂和色素，经过充分搅拌也可以得到口感很好的口香糖。

那为什么口香糖吃起来非常柔软而汽车轮胎却异常坚硬呢？这是因为在制作汽车轮胎时还需要将橡胶进一步硫化，通过硫化反应来提升橡胶的交联程度进而提升使用性能（《交通中的化学》第二章中有详细介绍），而制作口香糖就可以省去这个步骤，要不然得到的口香糖就彻底嚼不动了！

嚼过的口香糖在我们看来是一种讨厌的垃圾，但是在历史上它居然拯救过飞行员的生命。1919 年，英国皇家空军飞行员在驾驶战机飞越大西洋时出现了飞机水管漏水的紧急情况，他在使用各种胶水都无济于事的情况下，无奈尝试使用了一块口香糖成功堵住了漏洞，并最终安全落地美国。

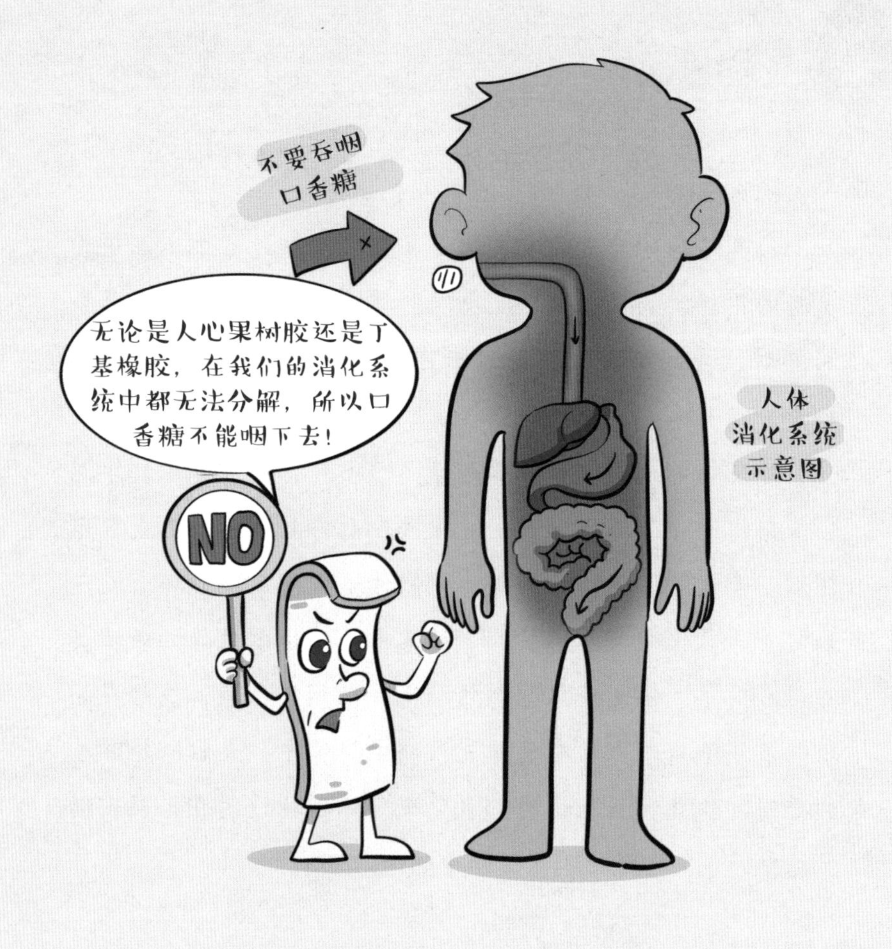


最后回答一个问题：口香糖可以咽下去吗？当然不能！无论是人心果树胶还是丁基橡胶，在我们的消化系统中都无法分解，所以口香糖是不能咽下去的。不过万一不小心把口香糖吞了下去倒也不用过于担心，一来这些胶质材料并没有毒性，二来我们的胃肠黏膜表面有很多黏液，这些黏液会阻止口香糖粘在我们的肠道上，并帮助身体快速地将口香糖排出体外。

## 拓展阅读

### 蹦蹦跳跳的乐趣——跳跳糖

人类吃糖的历史非常久远，并且在吃糖过程中不断玩出了新的花样，例如糖葫芦、糖人、棉花糖，等等。不过最令人感到神奇的糖类食品莫过于可以在嘴中蹦蹦跳跳的跳跳糖了。

跳跳糖的发明过程纯属意外。1956年，化学家米切尔想尝试制作一种速溶可乐粉，也就是制作一种用水冲泡就可以得到“带气”可乐饮料的粉体，制作过程中最难的环节就是如何将二氧化碳气体“装入”粉体中。米切尔设计的做法其实非常简单：他先将焦糖加热融化成黏稠的糖浆，然后在高压的条件下将二氧化碳气体充入糖浆液体中，最后将糖浆冷却凝固再恢复常压。这时二氧化碳气体就被“困在”凝固的焦糖中，我们也就得到了设想中的速溶可乐粉。

不过米切尔的实验并不成功，他制作的可乐粉中二氧化碳含量并不高，并且在恢复常压之后，部分二氧化碳气体还会撑破焦糖而逸散掉，因此这种速溶粉冲水之后并不能得到一杯“带气”的可乐饮料。不过有趣的是，如果将这些由二氧化碳气体冲击而碎裂成渣的糖粉放进嘴里，焦糖中剩余的二氧化碳还是会随着糖在嘴里的快速溶解而一下子释放出来，这时舌头就会感受到糖粉不断“爆炸”的“跳跃感”，有趣的跳跳糖也就在这种阴差阳错的实验中诞生了。

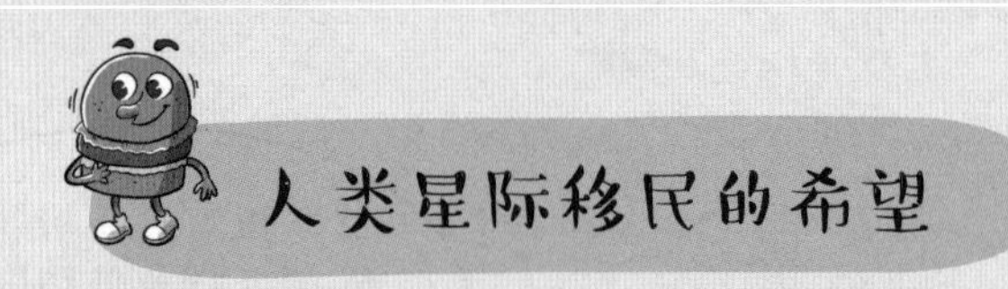

## 人类星际移民的希望

大约 50 亿年之后，太阳即将完成氢元素的核聚变反应并开启氦元素的核聚变反应。与此同时，太阳的体积也将急剧膨胀并吞噬地球。因此，如果人类想永续地繁衍生息下去，踏上星际之旅是不可避免的选择。

但是，人类离开了地球就意味着失去了食物来源，失去了食物来源就意味着失去了人类维持自身生存所需要的能量。人类自身是无法将外部能量（例如太阳能）直接作为生理活动所需能量而使用的，因此必须借助植物的光合作用将太阳能转化为化学能并储存在粮食作物中以便我们食用，进而获得和使用其中蕴含的化学能。这也就是为什么我们需要不断扩大粮食作物的种植面积，本质上就是为了囤积更多可供人类使用的能量，以保证我们长久生存。然而，踏上星际之旅后我们将无法再依靠地球植物的光合作用来制造粮食，那么人类首先面临的核心问题就是“如何吃饱肚子”。要解决这个问题，就必须打破只有光合作用才能将外部能量转化为人体可利用能量的“鸿沟”。

而中国人打破了这个能量鸿沟。

2021 年 9 月 24 日，中国科学院天津工业生物技术研究所在《科学》（*Science*）学术期刊上发表了一篇重磅论文：他们通过人工合成的方法实现了淀粉（粮食作物中的主要能量物质）的制备。也就是说，中国人通过人工方法实现了与植物光合作用相同的效果，即将外部能量储存在食物中。那么这项伟大的人造淀粉技术到底是如何实现的呢？

这个过程一共包含了 12 步化学反应。我们先要明确的是，自然光合作用的原料是二氧化碳和水，通过植物叶绿体中各种酶的催化作用，吸收太阳光的能量并最终合成淀粉。所以，中国科学家也是利用二氧化碳和水作为原料，先将二氧化碳和电解水生成的氢气相互反应生成甲醇（假酒中的主要有害成分），然后将甲醇氧化成甲醛（新家具中含有的主要致癌物质），再将 3 个甲醛分子相互反应生成重要的中间产物二羟基丙酮。由于二羟基丙酮含有 3 个碳原子和 3 个氧原子，而淀粉的重复单元葡萄糖分子是含有 6 个碳原子和 6 个氧原子的环状分子，因此，只要让两个二羟基丙酮分子相互成环就可以得到葡萄糖分子的相近产物了。但看似简单的成环过程却足足使用了 5 步反应才得以实现。成环后的产物再经过 3 步反应就可以相互聚合并最终得到淀粉。

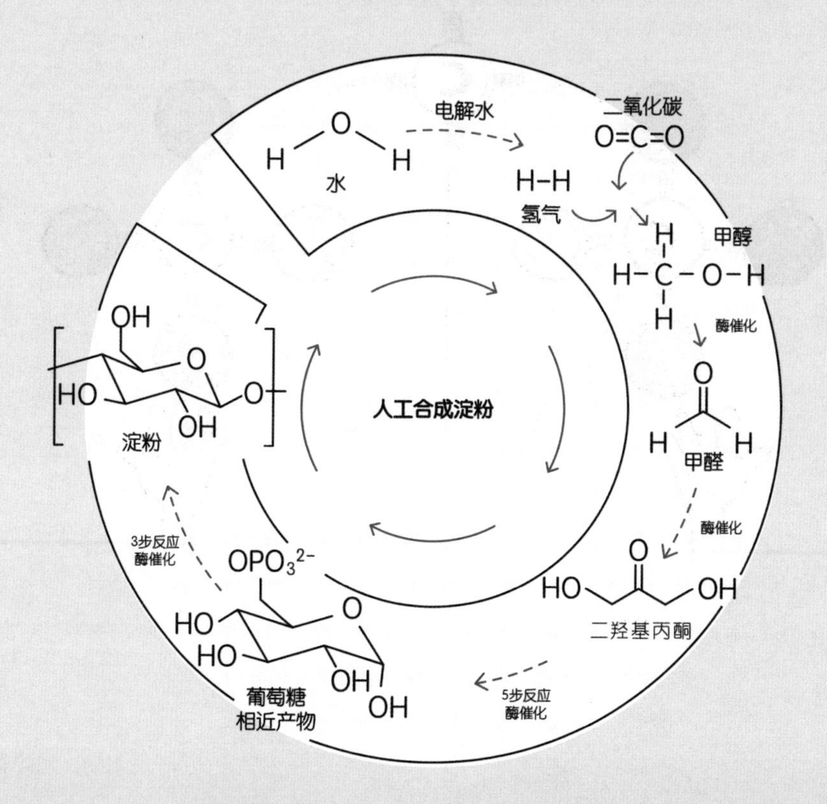

在这 12 步反应中，只有前 2 步反应是普通的化学催化反应，后面的 10 步反应全部为酶催化反应。看到这里大家肯定会问，为什么绝大部分反应需要通过生物酶催化的方式来进行呢？其实这里蕴含了一个非常重要的化学原理：碳原子可以形成 4 个化学键，也就是碳原子可以连接 4 个化学基团，而当这 4 个化学基团都不相同的时候，这种碳原子就变成了手性碳原子，含有手性碳原子的分子就被叫作手性分子。组成淀粉的葡萄糖分子就是典型的手性分子，因而葡萄糖具有两种不同的形式：D 型和 L 型。神奇的是，包括我们人类在内的所有地球生物都只可以吸收和利用

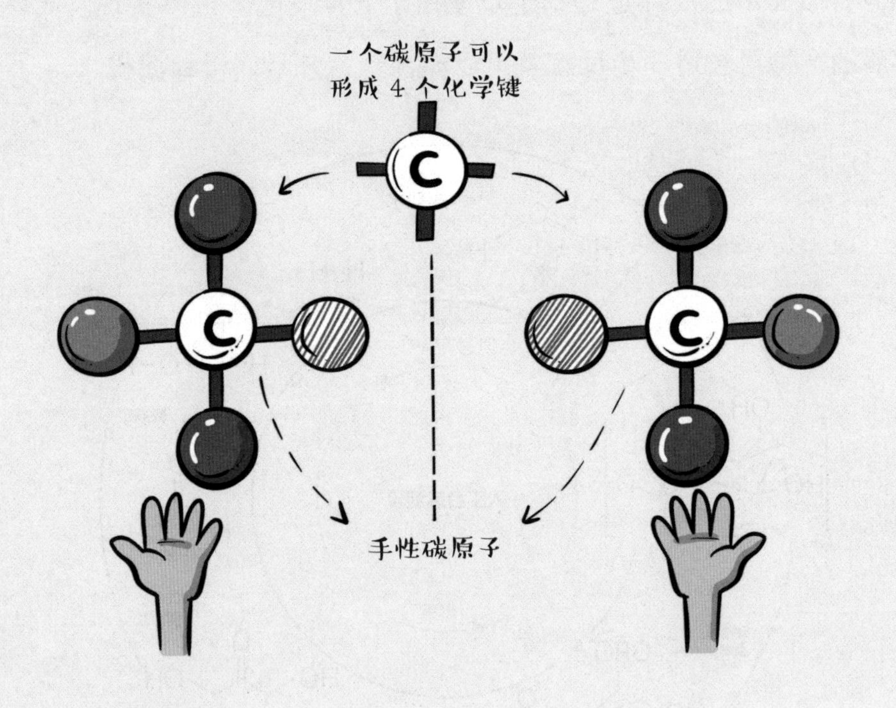

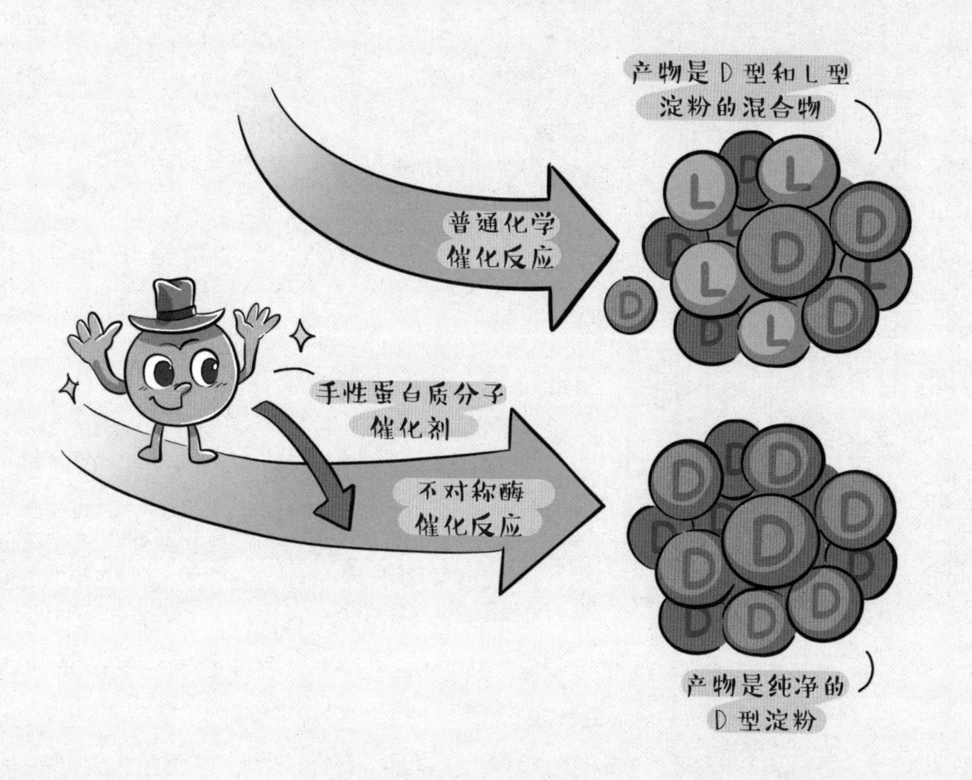


D 型葡萄糖，而无法利用 L 型葡萄糖。因此，我们在人工合成淀粉的时候，也必须控制整个反应只生成 D 型葡萄糖，而不生成 L 型葡萄糖。可惜的是，通过普通化学催化的方法，反应会同时生成两种葡萄糖并且无法相互分离。而如果使用本身就是手性分子的蛋白质分子做催化剂（也就是酶催化剂），酶催化剂本身的手性结构就可以控制反应只生成 D 型葡萄糖，进而生成 D 型淀粉。这种手性结构的选择性催化就是大名鼎鼎的不对称催化。人工合成淀粉技术成功的关键就是设计并使用了多种酶催化剂，并实现了高效的不对称催化。

有了人造淀粉技术，人类利用简单的化工过程就可以得到充足的食物，吃不饱饭的问题也会彻底解决。

有了人造淀粉技术，人类未来的星际旅行也将有更多的希望，因为人类无须再探索在外太空种植粮食的方法了。那么人类星际旅行就剩下最后一个关键问题：离开了太阳，能量从哪里来？毕竟无论是维持淀粉合成反应的进行还是星际旅行的动力都需要大量的能量。既然太阳再也不能成为我们的能量源，人类唯一的出路就是人造一个“太阳”，即使用**可控核聚变技术**制造能量。中国在可控核聚变技术领域领先世界，全人类的未来最终都将看向东方！

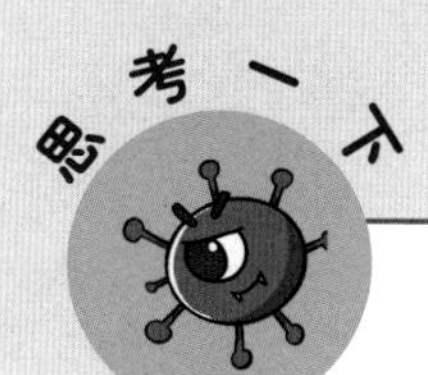


1. 制作口香糖的天然胶质材料是什么？这种胶质材料是从哪种植物上获得的？
2. 跳跳糖中包含的是什么气体？
3. 地球生物体可以利用的葡萄糖是D型还是L型？

# 6

# 食物也不能随便吃

很多鲜美的食物往往自身带有毒素，这其实是食材的一种自保行为。

食物当然是美好的，品尝美食的过程不光是解决饥饿的生理问题，更是一种精神的享受。但是吃东西也有很多讲究，否则不但无法得到享受，更有可能危害健康甚至危及生命。

## “红的”是药物，“黄的”是毒物

在介绍红烧肉的时候我们讲到，红曲米中不但含有给红烧肉上色的红曲红素，同时还含有一种天然的保健成分红曲霉素。红曲红素和红曲霉素都来自同一种曲霉菌——红曲霉菌，着实让我们对曲霉菌这种真菌产生了极大的好感。可是曲霉菌种类繁多，人类已知的曲霉菌就有 170 多种，并不是所有的曲霉菌都对人类如此友善。

曲霉菌大家族

如果曲霉菌不呈现红色而是黄色的话，我们就要倍加小心了，因为这种在全世界都有广泛分布的黄曲霉菌所产生的黄曲霉素对人具有巨大的杀伤力。黄曲霉素虽然只和红曲霉素一字之差，但是它们的化学结构却完全不同，甚至可以说是毫无关联。黄曲霉素是天然存在的最强致癌物质之一，其毒性是氰化钾（KCN）的 10 倍，更是毒药砒霜（三氧化二砷，$As_2O_3$）的 68 倍，甚至比眼镜蛇毒的毒性还要强，被世界卫生组织认定为 I 类致癌物。可是在生活中，我们时时刻刻都受着黄曲霉素的威胁。

黄曲霉素是黄曲霉菌的代谢产物。黄曲霉菌特别容易滋生在富含淀粉的**粮食作物**和富含油脂的**油料作物**中，例如玉米、花生等。所以一到粮食收获的时节，我们就会看到乡村的道路两旁铺满了粮食，刚收获的粮食一定要经过阳光的充足照射才能入库存放，否则粮食中如果含有水分就很容易发生霉变，而霉变粮食中含有的主要霉菌之一就是黄曲霉菌。

霉变的粮食已经不再是粮食，而是“超级毒药”，坚决不能食用。有些人可能勤俭节约惯了，会认为粮食即使有点霉变，但经过高温蒸煮之后有害物质也会被杀死，所以不会危害健康。但事实是，黄曲霉菌在高温下确实能够被“杀死”，但是它所分泌的黄曲霉素则能够耐受280℃的高温。因此，霉变粮食即使蒸熟了，黄曲霉素依然存在，如果吃了这样的粮食真的会要命。

有人可能真的好奇，黄曲霉素到底是什么味道呢？如果大家喜欢嗑瓜子就一定嗑到过那种又苦又涩的怪味瓜子，这种已经变质的瓜子就富含黄曲霉素，坏瓜子的味道应该就和黄曲霉素的味道比较接近了。如果下次再吃到这样的瓜子，请记住一定要吐掉，然后用大量的水漱口，这样才不会对健康造成伤害。

曲霉菌中除了黄曲霉菌，还存在灰绿曲霉菌、赭曲霉菌等有害菌种，当然也存在像黑曲霉菌这样在普洱茶发酵过程中起到关键作用的有益菌种。因此，“利用有益的，拒绝有害的”才是人类合理利用曲霉菌微生物资源的最佳方式。

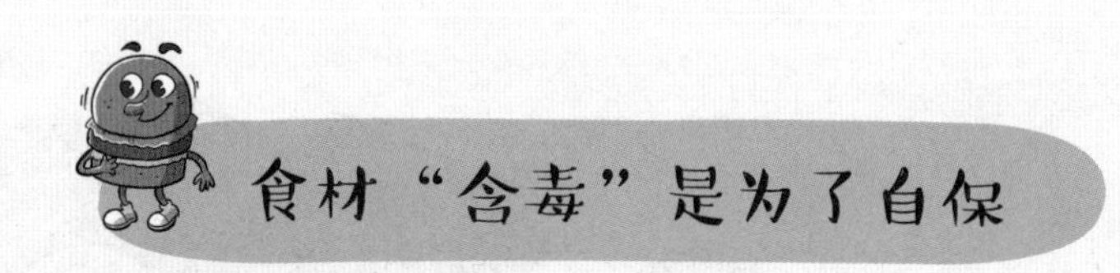

## 食材“含毒”是为了自保

微生物污染会给本身无害的食物赋予毒性，从而让食物无法继续食用，但是有些食材（例如河豚、魔芋、木薯等）本身就具有天然毒性，让普通人望而却步。天然食材含毒其实是一种生物的自保机制，毕竟没有哪种生物希望自己是因为被吃光而灭绝的。一些具有毒性的食材去掉毒性后味道十分鲜美。不过在这里要着重强调，小朋友们可不要轻易去品尝不了解的东西哦！

我国长江流域存在着一种绝美江鲜——河豚。河豚作为一种淡水鱼类，肉质极其鲜美，以致大文豪苏东坡留下了“竹外桃花三两枝，春江水暖鸭先知。蒌蒿满地芦芽短，正是河豚欲上时”的千古名句，但是外表看似憨厚可爱的小河豚却是一个“绝命杀手”。

可能所有的猎食动物都知道河豚鲜美吧，以至于河豚为了保命，逐渐在体内进化出了一种神经毒素——河豚毒素。河豚毒素之所以是一种神经毒素，是因为它可以抑制细胞上的钠离子通道，而钠离子通道控制着生命体神经信号的传导。当人们食用了含有毒素的河豚时，由于神经系统被抑制，就会导致全身麻痹、呼吸减弱、心跳停止并最终死亡。人类只要摄入仅仅 1 毫克河豚毒素便足以致命。更可怕的是，河豚毒素虽然可以麻痹全身但无法麻痹大脑，以至于中河豚毒素以后，人会在大脑神志十分清醒的情况下眼睁睁地看着自己由于全身麻痹而最终死亡，景象十分凄惨。

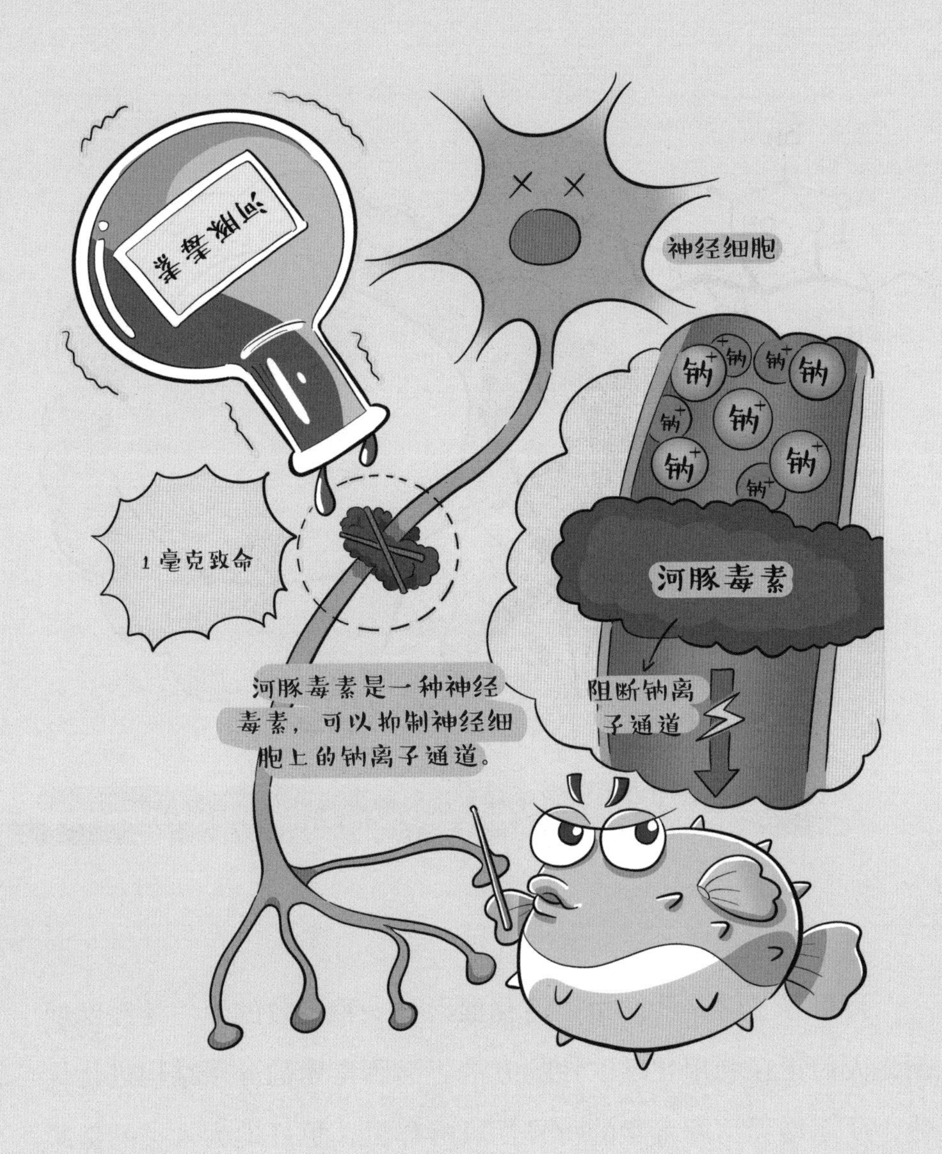


河豚体内的含毒量不是恒定不变的。河豚在生殖季节的毒性最强，并且往往雌性的毒性比雄性强，而雌性体内的生殖器官——卵巢的毒性是所有器官中最强的。从上述毒性分布的规律我们也可以总结出，河豚的毒性都是服务于自身种群繁衍生息的，也就是说，河豚含毒只是种群延续的自保行为。

毒用好了就是药。由于河豚毒素是一种高效的天然神经麻痹剂，人们正在利用化学改性的方法将河豚毒素的分子结构进行优化，从而增强河豚毒素的特异性麻醉作用，更好地为人类的健康服务。

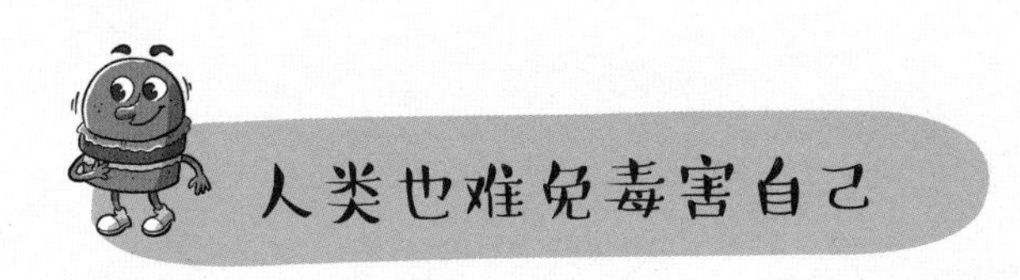

## 人类也难免毒害自己

说到这里大家不禁要问：自身不含毒素并且新鲜无腐败的食材人们就可以安心食用了吗？答案依然是“不一定”。

种植技术的发展给人类的爆发式增长提供了物质基础。但是人类种植的农作物不仅是人类的食物，也同样是其他生物的食物。因此，为了最大限度地保护劳动成果不被其他生物尤其是各类害虫“偷窃”，人类学会了使用农药。

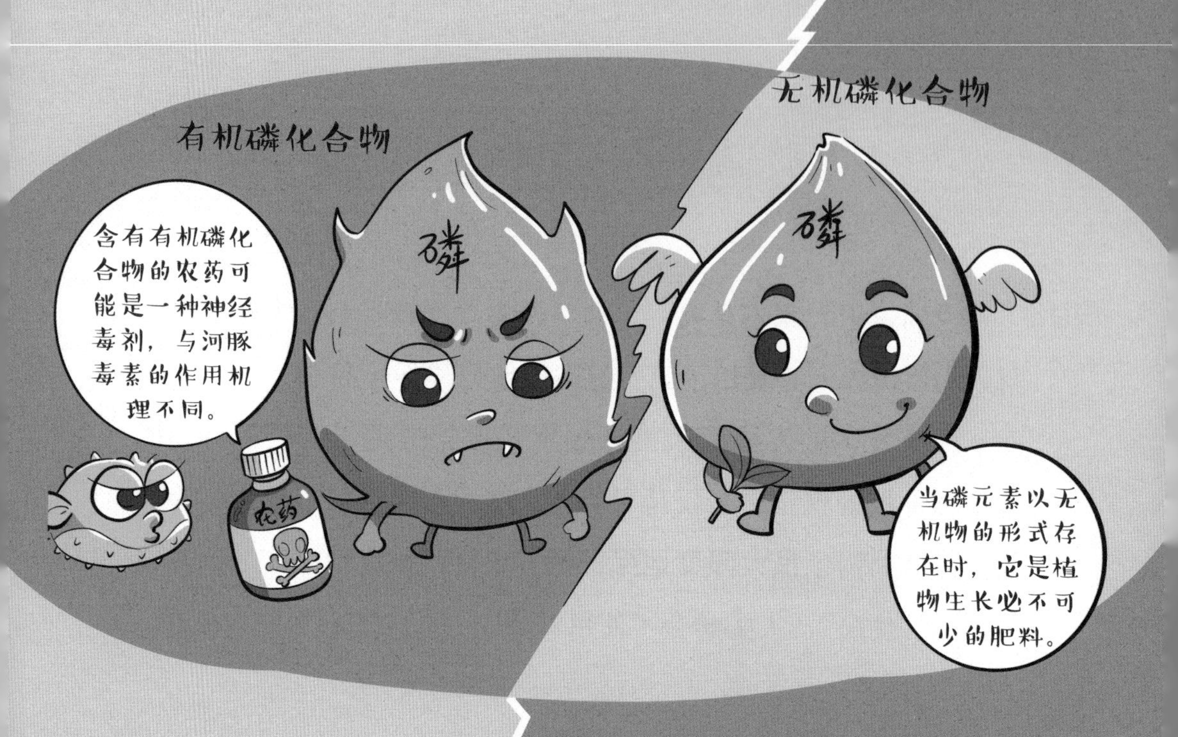


农药常常含有磷元素（P）。磷元素是一种很矛盾的元素，当磷元素以无机物形式存在的时候，它是植物生长必不可少的肥料，因此“磷肥”成了三大化肥之一。而磷元素如果以有机物形式存在，则有可能成了拥有巨大毒性的神经毒剂。什么？又是神经毒剂？你没有听错，不过有机磷农药和前面提到的河豚毒素的神经毒性作用机理是不同的。

人类作为高级生命体，神经系统的信息不但需要在神经细胞内进行传递，但神经细胞的长度毕竟是有限的，因此信息还需要在神经细胞之间进行传递。神经细胞内的信息依靠电信号传递实现，河豚毒素主要就是抑制了钠离子通道，也就是抑制了细胞内的电信号传递，从而发挥出了神经毒性。而神经细胞之间的信息传递则是通过化学物质传递实现，这种化学物质被称为神经递质，有机磷农药就是通过干扰神经递质的正常代谢而产生神经毒性的。

最常见的神经递质是乙酰胆碱。通常情况下，乙酰胆碱在完成神经细胞之间的信号传递任务后就会被体内的乙酰胆碱酯酶分解。但是当有机磷农药（例如大家熟知的“敌敌畏”）进入人体后，农药分子就会与乙酰胆碱酯酶结合，使其丧失分解乙酰胆碱的能力，进而人体内的乙酰胆碱大量蓄积，使得中枢神经系统长时间过度兴奋，然后转入抑制和衰竭，最终导致人的死亡。

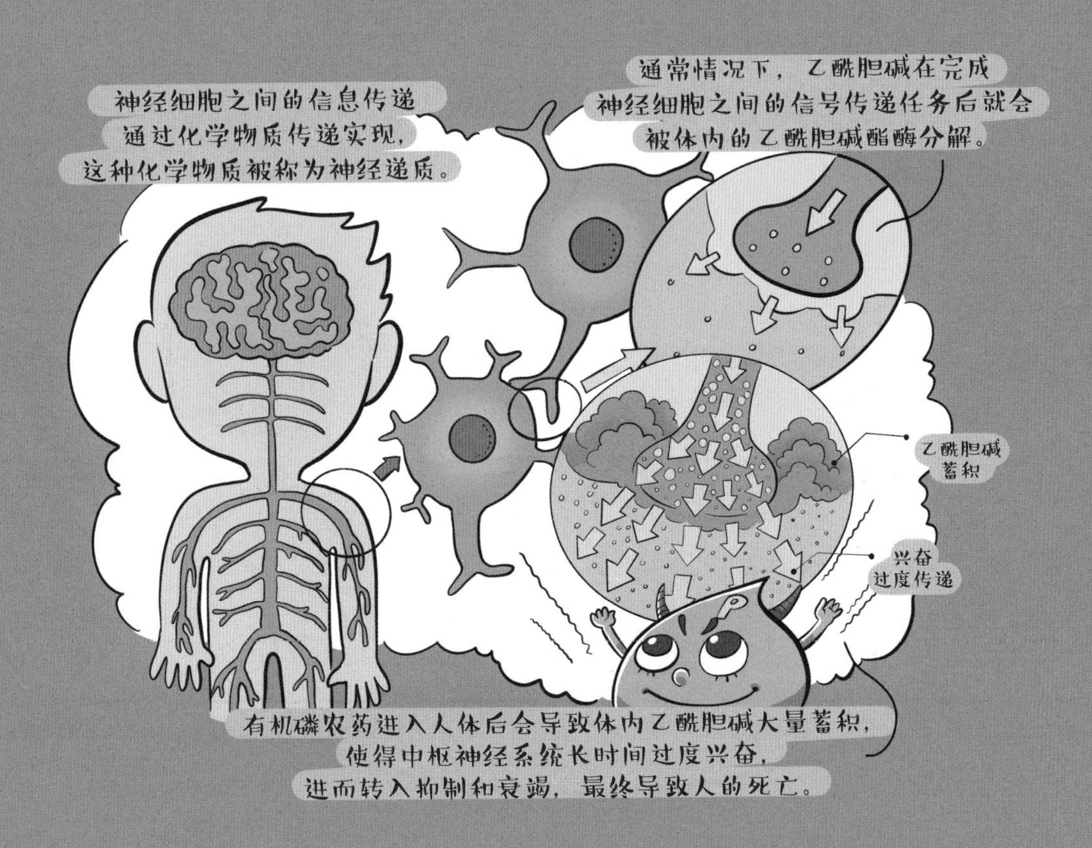

虽然农药杀伤力惊人，但是农药在现代社会几乎不可替代，否则人类面临的将是饥饿的威胁。那么如何最大程度地降低食物中残留农药所带来的风险呢？有机磷化合物通常不溶于水，所以用清水来洗蔬菜水果是很难将残留农药洗干净的，但是可以在水中加入一些小苏打或者食用碱，然后将蔬菜和水果浸泡一段时间。由于有机磷化合物在碱性条件下较容易发生水解反应，因此碱水浸泡可以在一定程度上分解掉蔬菜水果表面的残留农药。

既然有机磷化合物毒性如此巨大，一些不怀好意的邪恶分子就利用有机磷化合物制作了历史上臭名昭著的化学武器——沙林毒气。沙林的化学成分为甲氟膦酸异丙酯，虽然它本身是液体，但是具有很强的挥发能力，因此被用来制作毒气弹。人类社会已经意识到化学武器必须严格限制，否则人类就会走上自我毁灭的不归路。

## 拓展阅读

### “头孢就酒，说走就走”

生病了去看医生，医生在开完药后总会再三叮嘱病人：吃了抗生素7天以内绝对不要喝酒。我们当然不会违背医生的要求，但是我们真的知道其中的道理吗?

喝酒的本质是身体摄入乙醇。乙醇在人体内会经过乙醇脱氢酶的作用而变为乙醛，再经过乙醛脱氢酶的作用变为乙酸（也就是醋的主要成分）。乙酸对人体无害，酒也就代谢完成了。但是，人一旦吃了抗生素（例如头孢类抗生素），情况

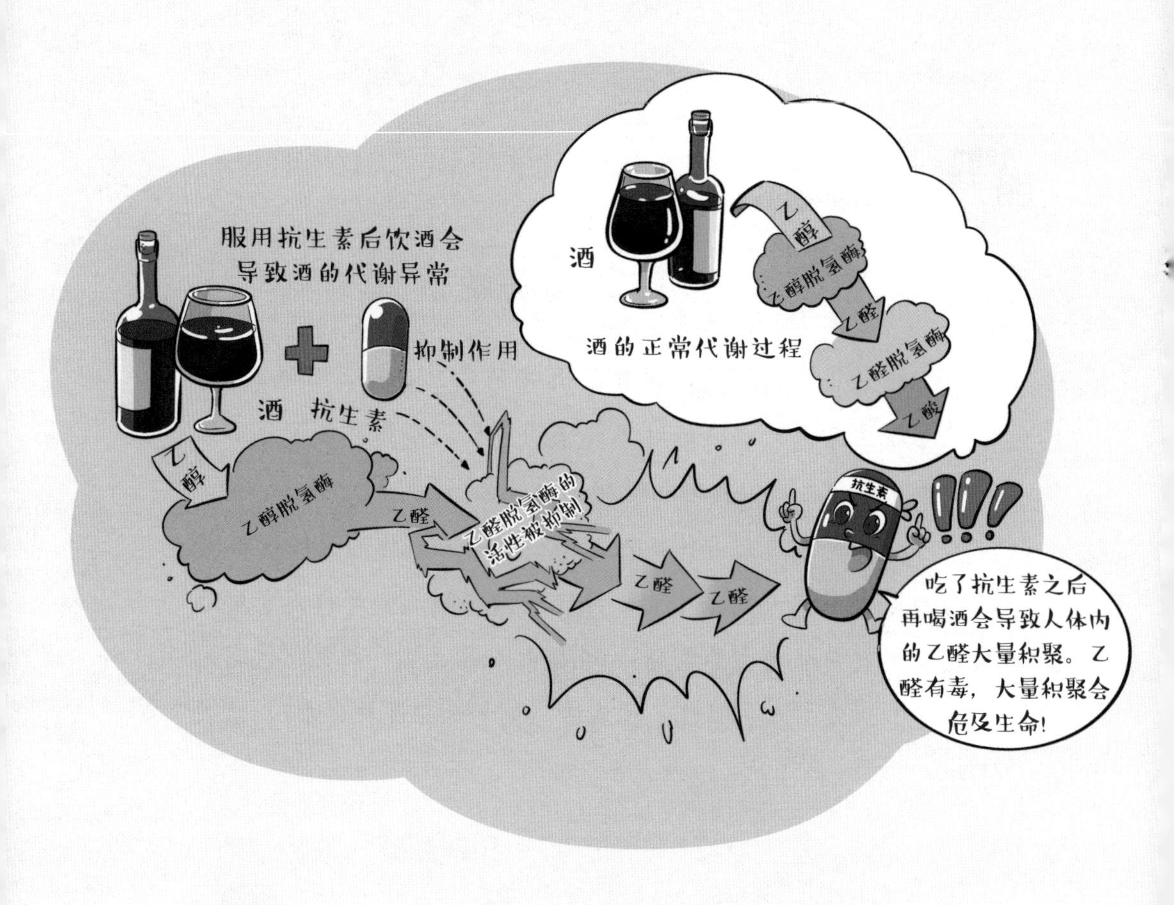


就会发生巨大变化。大部分抗生素都对乙醛脱氢酶的活性具有抑制作用，也就是说，吃了抗生素再喝酒，体内因为分解乙醇而产生的大量乙醛便无法被乙醛脱氢酶继续分解，从而导致乙醛快速积聚致使身体中毒，最终危及人的生命。

能喝酒的人在正常情况下喝一斤高度白酒都毫无问题，可是当乙醛脱氢酶被抗生素抑制以后，除非滴酒不沾，但凡有点酒精摄入都非常危险。据报道，曾经有人服用抗生素之后只是吃了一小碗酒酿丸子就差点命丧黄泉。

当然，每个人对乙醛的耐受能力不同，服用抗生素后对乙醛脱氢酶的抑制时间也不同，或许有人停药一天后喝酒也可以安然无恙。但是，“7天禁酒”的要求是考虑了人与人之间的个体差异后提出的最稳妥、最安全的时间要求。为了保险起见，大家还是要严格遵照医生的叮嘱，不要用生命的代价来测试自己的乙醛耐受度！

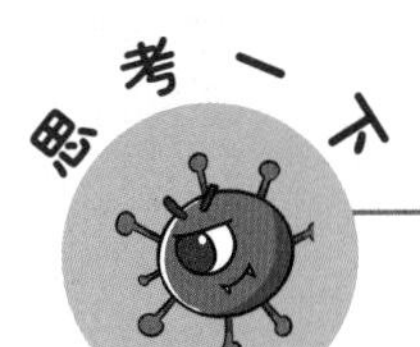


1. 黄曲霉素是由哪种霉菌产生的？

2. 河豚中含有的河豚毒素主要存在于哪些器官中？

3. 怎样才能将蔬菜和水果表面的残留农药清洗干净呢？

# 附录：思考题参考答案

**第一章**

1. 氢氧化镁。
2. 腌制时间超过 15 天可以大大降低泡菜中亚硝酸盐的含量。
3. 是经过冻干的蔬菜干和水果干。

**第二章**

1. 触觉。
2. 因为牛奶中含有的蛋白质可以将辣椒素溶解，从而从口腔中移除。
3. 大蒜中主要含有的是烯丙基蒜氨酸，洋葱中主要含有的是丙烯基蒜氨酸。

**第三章**

1. 很强的挥发性。
2. 茶碱和可可碱。
3. 咖啡豆、茶叶和可可豆中含有的蛋白质和糖类物质经历了美拉德反应。

第四章

1. 红色。
2. 在大米中加入红曲霉菌发酵会生成红曲红素，因此大米变为红色。
3. 广西的壮族同胞利用枫香叶（黑色）、红蓝草（红色）、紫蓝草（紫色）、密蒙花（黄色）分别浸染糯米，再加上没有染色的白色糯米做出传统美食五色糯米饭。

第五章

1. 人心果树胶，源自墨西哥特有的植物——人心果树。
2. 二氧化碳。
3.D 型。

第六章

1. 黄曲霉菌。
2. 雌性河豚的卵巢中含量最多。
3. 在水中加入一些小苏打或者食用碱，然后将蔬菜和水果在水中浸泡一段时间。